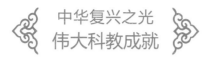

中华复兴之光
伟大科教成就

耀世数学明珠

周丽霞 主编

汕头大学出版社

图书在版编目（CIP）数据

耀世数学明珠 / 周丽霞主编. -- 汕头 ：汕头大学
出版社，2016.3（2023.8重印）
　（伟大科教成就）
　ISBN 978-7-5658-2432-6

　Ⅰ. ①耀… Ⅱ. ①周… Ⅲ. ①数学史－中国－古代－
普及读物 Ⅳ. ①O112-49

中国版本图书馆CIP数据核字(2016)第043990号

耀世数学明珠　　　　　　　YAOSHI SHUXUE MINGZHU

主　　编：周丽霞
责任编辑：任　维
责任技编：黄东生
封面设计：大华文苑
出版发行：汕头大学出版社
　　　　　广东省汕头市大学路243号汕头大学校园内　邮政编码：515063
电　　话：0754-82904613
印　　刷：三河市嵩川印刷有限公司
开　　本：690mm×960mm　1/16
印　　张：8
字　　数：98千字
版　　次：2016年3月第1版
印　　次：2023年8月第4次印刷
定　　价：39.80元
ISBN 978-7-5658-2432-6

前　言

党的十八大报告指出："把生态文明建设放在突出地位，融入经济建设、政治建设、文化建设、社会建设各方面和全过程，努力建设美丽中国，实现中华民族永续发展。"

可见，美丽中国，是环境之美、时代之美、生活之美、社会之美、百姓之美的总和。生态文明与美丽中国紧密相连，建设美丽中国，其核心就是要按照生态文明要求，通过生态、经济、政治、文化以及社会建设，实现生态良好、经济繁荣、政治和谐以及人民幸福。

悠久的中华文明历史，从来就蕴含着深刻的发展智慧，其中一个重要特征就是强调人与自然的和谐统一，就是把我们人类看作自然世界的和谐组成部分。在新的时期，我们提出尊重自然、顺应自然、保护自然，这是对中华文明的大力弘扬，我们要用勤劳智慧的双手建设美丽中国，实现我们民族永续发展的中国梦想。

因此，美丽中国不仅表现在江山如此多娇方面，更表现在丰富的大美文化内涵方面。中华大地孕育了中华文化，中华文化是中华大地之魂，二者完美地结合，铸就了真正的美丽中国。中华文化源远流长，滚滚黄河、滔滔长江，是最直接的源头。这两大文化浪涛经过千百年冲刷洗礼和不断交流、融合以及沉淀，最终形成了求同存异、兼收并蓄的最辉煌最灿烂的中华文明。

五千年来，薪火相传，一脉相承，伟大的中华文化是世界上唯一绵延不绝而从没中断的古老文化，并始终充满了生机与活力，其根本的原因在于具有强大的包容性和广博性，并充分展现了顽强的生命力和神奇的文化奇观。中华文化的力量，已经深深熔铸到我们的生命力、创造力和凝聚力中，是我们民族的基因。中华民族的精神，也已深深植根于绵延数千年的优秀文化传统之中，是我们的根和魂。

　　中国文化博大精深，是中华各族人民五千年来创造、传承下来的物质文明和精神文明的总和，其内容包罗万象，浩若星汉，具有很强文化纵深，蕴含丰富宝藏。传承和弘扬优秀民族文化传统，保护民族文化遗产，建设更加优秀的新的中华文化，这是建设美丽中国的根本。

　　总之，要建设美丽的中国，实现中华文化伟大复兴，首先要站在传统文化前沿，薪火相传，一脉相承，宏扬和发展五千年来优秀的、光明的、先进的、科学的、文明的和自豪的文化，融合古今中外一切文化精华，构建具有中国特色的现代民族文化，向世界和未来展示中华民族的文化力量、文化价值与文化风采，让美丽中国更加辉煌出彩。

　　为此，在有关部门和专家指导下，我们收集整理了大量古今资料和最新研究成果，特别编撰了本套大型丛书。主要包括万里锦绣河山、悠久文明历史、独特地域风采、深厚建筑古蕴、名胜古迹奇观、珍贵物宝天华、博大精深汉语、千秋辉煌美术、绝美歌舞戏剧、淳朴民风习俗等，充分显示了美丽中国的中华民族厚重文化底蕴和强大民族凝聚力，具有极强系统性、广博性和规模性。

　　本套丛书唯美展现，美不胜收，语言通俗，图文并茂，形象直观，古风古雅，具有很强可读性、欣赏性和知识性，能够让广大读者全面感受到美丽中国丰富内涵的方方面面，能够增强民族自尊心和文化自豪感，并能很好继承和弘扬中华文化，创造未来中国特色的先进民族文化，引领中华民族走向伟大复兴，实现建设美丽中国的伟大梦想。

目 录

数学历史

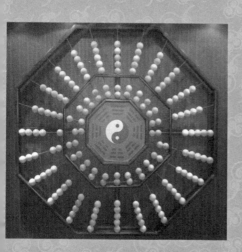

数学成就

数学名家

数学

　　数学是我国古代科学中的一门重要学科，其发展源远流长，成就辉煌。根据它本身的特点，可分为这样几个时期：先秦萌芽和汉唐奠基时期、古典数学理论体系建立的时期、古典数学发展的高峰时期和中西方数学的融合时期。

　　我国古代数学具有特殊的形式和思想内容。它以解决实际问题为目标，研究建立算法与提高计算技术，而且寓理于算，理论高度概括。同时，数学教育总是被打上哲学与古代学术思想的烙印，故具有鲜明的社会性和浓厚的人文色彩。

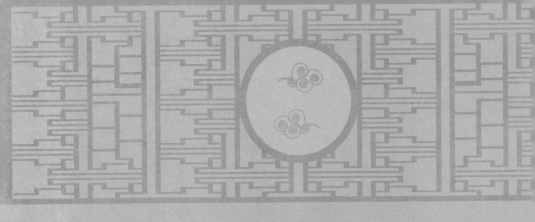

数学的萌芽与奠基

我国古代数学发轫于原始公社末期，当时私有制和货物交换产生以后，数与形的概念有了进一步的发展，已开始用文字符号取代结绳记事了。

春秋战国时期，筹算记数法已使用十进位值制，人们已谙熟九九乘法表、整数四则运算，并使用了分数。西汉时期《九章算木》的出现，为我国古代数学体系的形成起到了奠基作用。

春秋时期，有一个宋国人，在路上行走时捡到了一个别人遗失的契据，拿回家收藏了起来。他私下里数了数那契据上的齿，然后高兴地告诉邻居说："我发财的日子就要到了！"

契据上的齿就是木刻上的缺口或刻痕，表示契据所代表的实物的价值。

当人类没有发明文字，或文字使用尚不普遍时，常用在木片、竹片或骨片上刻痕的方法来记录数字、事件或传递信息，统称为"刻木记事"。

我国少数民族曾经使用刻木记事的，有独龙族、傈僳族、佤族、景颇族、哈尼族、拉祜族、苗族、瑶族、鄂伦春族、鄂温克族、珞巴族等民族。

如佤族用木刻计算日子和账目；苗族用木刻记录歌词；景颇族用木刻记录下村寨之间的纠纷；哈尼族用木刻作为借贷、离婚、典当土地的契约；独龙族用递送木刻传达通知等。凡是通知性木刻，其上还常附上鸡毛、火炭、辣子等表意物件，用以强调事情的紧迫性。

其实，早在《列子·说符》记载的故事之前，我们的先民在从野蛮走向文明的漫长历程中，逐渐认识了数与形的概念。

出土的新石器时期的陶器大多为圆形或其他规则形状，陶器上有各种几何图案，通常还有3个着地点，都是几何知识的萌芽。说明人们

从辨别事物的多寡中逐渐认识了数，并创造了记数的符号。

殷商甲骨文中已有13个记数单字，最大的数是"三万"，最小的是"一"。一、十、百、千、万，各有专名。其中已经蕴含有十进位值制的萌芽。

传说大禹治水时，便左手拿着准绳，右手拿着规矩丈量大地。因此，我们可以说，"规"、"矩"、"准"、"绳"是我们祖先最早使用的数学工具。

人们丈量土地面积，测算山高谷深，计算产量多少，粟米交换，制定历法，都需要数学知识。在约成书于公元前1世纪的《周髀算经》中，记载了西周商高和周公答问之间涉及的勾股定理内容。

有一次，周公问商高："古时做天文测量和订立历法，天没有台阶可以攀登上去，地又不能用尺寸去测量，请问数是怎样得来的？"

商高略一思索回答说："数是根据圆和方的道理得来的，圆从方来，方又从矩来。矩是根据乘、除计算出来的。"

这里的"矩"原是指包含直角的作图工具。这说明了"勾股测量术"，即可用3比4比5的办法来构成直角三角形。

《周髀算经》并有"勾股各自乘，并而开方除之"的记载，这已经是勾股定理的一般形式了，说明当时已普遍使用了勾股定理。勾股定理是我国数学家的独立发明。

《礼记·内则》篇提道，西周贵族子弟从9岁开始便要学习数目和记数方法，他们要受礼、乐、射、御、书、数的训练，作为"六艺"之一的"数"已经开始成为专门的课程。

春秋时期，筹算已得到普遍的应用，筹算记数法已普遍使用十进位值制，这种记数法对世界数学的发展具有划时代的意义。这个时期的测量数学在生产上有了广泛应用，在数学上也有相应的提高。

战国时期，随着铁器的出现，生产力的提高，我国开始了由奴隶

制向封建制的过渡。新的生产关系促进了科学技术的发展与进步。此时私学已经开始出现了。

最晚在春秋末期时，人们已经掌握了完备的十进位值制记数法，普遍使用了算筹这种先进的计算工具。

秦汉时期，社会生产力得到恢复和发展，给数学和科学技术的发展带来新的活力，人们提出了若干算术难题，并创造了解勾股形、重差等新的数学方法。

同时，人们注重先秦文化典籍的收集、整理。作为数学新发展及先秦典籍的抢救工作的结晶，便是《九章算术》的成书。它是西汉丞相张苍、天文学家耿寿昌收集秦火遗残，加以整理删补而成的。

《九章算术》是由国家组织力量编纂的一部官方性数学教科书，集先秦至西汉数学知识之大成，是我国古代最重要的数学经典，对两汉时期以及后来数学的发展产生了很大的影响。

《九章算术》成书后，注家蜂起。《汉书·艺文志》所载《许商算术》、《杜忠算术》就是研究《九章算术》的作品。东汉时期马续、张衡、刘洪、郑玄、徐岳、王粲等通晓《九章算术》，也为之作注。

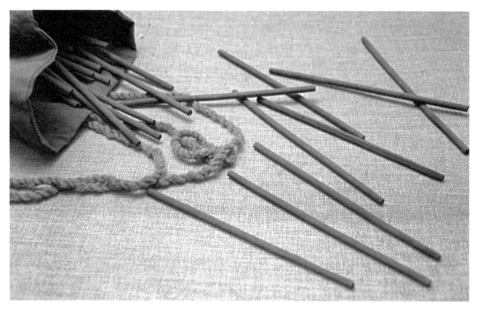

这些著作的问世，推动了稍后的数学理论体系的建立。

《九章算术》的出现，奠定了我国古代数学的基础，它的框架、形式、风格和特点深刻影响了我国和东方的数学。

周成王时，在周公的主持下，人们对以往的宗法传统习惯进行补充、整理，制定出一套以维护宗法等级制度为中心的行为规范以及相应的典章制度、礼节仪式。周公"制礼作乐"的内容包括礼、乐、射、御、书、数。成为贵族子弟教育中6门必修课程。

其中的"数"，包括方田、粟米、差分、少广、商功、均输、方程、盈不足、旁要9个部分，称为"九数"。它是当时学校的数学教材。九数确立了汉代《九章算术》的基本框架。

知识点滴

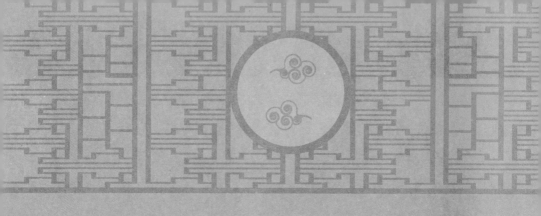

数学理论体系的建立

《九章算术》问世之后，我国的数学著述基本上采取两种方式：一是为《九章算术》作注；二是以《九章算术》为楷模编纂新的著作。其中刘徽的《九章算术注》被认为是我国古代数学理论体系的开端。

祖冲之的数学研究工作在南北朝时期最具代表性，他在刘徽《九章算术注》的基础上，将传统数学大大向前推进了一步，成为重视数学思维和数学推理的典范。我国古典数学理论体系至此建立。

一位农妇在河边洗碗。她的邻居闲来无事，就走过来问："你洗这么多碗，家里来了多少客人？"

农妇笑了笑，答道："客人每2位合用一只饭碗，每3位合用一只汤碗，每4位合用一只菜碗，共用65只碗。"然后她又接着问邻居，"你算算看，我家里究竟来了多少位客人？"

这位邻居也很聪明，很快就算了出来。

这是《孙子算经》中的一道著

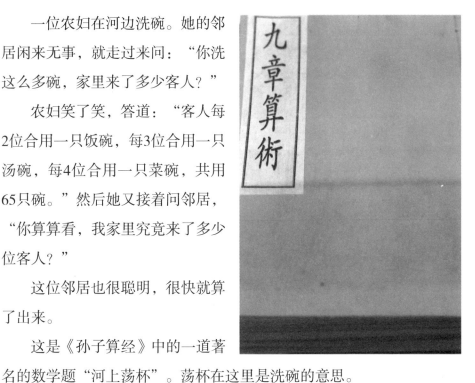

名的数学题"河上荡杯"。荡杯在这里是洗碗的意思。

很明显，这里要求解的是65个碗共有多少人的问题。其中有能了解客数的信息是2人共碗饭，3人共汤碗，4人共菜碗。通过这几个数值，很自然就能解决客数问题。

《孙子算经》有3卷，常被误认为春秋军事家孙武所著，实际上是魏晋南北朝时期前后的作品，作者不详。这是一部数学入门读物，通过许多有趣的题目，给出了筹算记数制度及乘除法则等预备知识。

"河上荡杯"，包含了当时人们在数学领域取得的成果。而"鸡兔同笼"这个题目，同样展示了当时的研究成果。

鸡兔同笼的题意是：有若干只鸡兔同在一个笼子里，从上面数，有35个头；从下面数，有94只脚。求笼中各有几只鸡和兔？

这道题其实有多种解法。

其中之一：如果先假设它们全是鸡，于是根据鸡兔的总数就可以算出在假设下共有几只脚，把这样得到的脚数与题中给出的脚数相比较，看看差多少，每差2只脚就说明有1只兔，将所差的脚数除以2，就可以算出共有多少只兔。同理，也可以假设全是兔子。

《孙子算经》还有许多有趣的问题，比如"物不知数"等，在民间广为流传，同时，也向人们普及了数学知识。

其实，魏晋时期特殊的历史背景，不仅激发了人们研究数学的兴趣，普及了数学知识，也丰富了当时的理论构建，使我国古代数学理论有了较大的发展。

在当时，思想界开始兴起"清谈"之风，出现了战国时期"百家争鸣"以来所未有过的生动局面。与此相适应，数学家重视理论研究，力图把从先秦到两汉积累起来的数学知识建立在必然的基础之上。

而刘徽和他的《九章算术注》，则是这个时代造就的最伟大的数学家和最杰出的数学著作。

刘徽生活在"清谈"之风兴起而尚未流入清谈的魏晋之交，受思想界"析理"的影响，对《九章算术》中的各种算法进行总结分析，认为数学像一株枝条虽分而同本干的大树，发自一端，形成了一个完整的理论体系。

刘徽的《九章算术注》作于263年，原10卷。前9卷全面论证了《九章算术》的公式、解法，发展了出入相补原理、截面积原理、齐同原理和率的概念，首创了求圆周率的正确方法，指出并纠正了《九章算术》的某些不精确之处或错误的公式，探索出解决球体积的正确途径，创造了解线性方程组的互乘相消法与方程新术。

用十进分数逼近无理根的近似值等，使用了大量类比、归纳推理及演绎推理，并且以后者为主。

第十卷原名"重差"，为刘徽自撰自注，发展完善了重差理论。

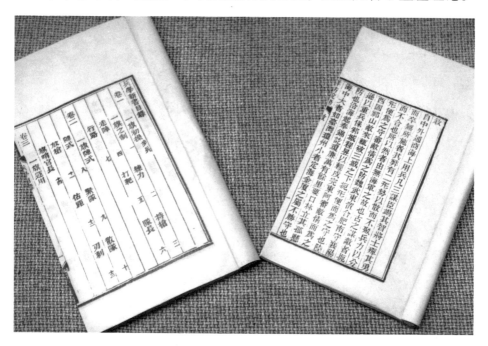

此卷后来单行，因第一问为测望海岛的高远，故名称《海岛算经》。

我国古典数学理论体系的建立，除了刘徽及其《九章算术注》不世之功和《孙子算经》的贡献外，魏晋南北朝时期的《张丘建算经》、《缀术》也丰富了这一时期的理论创建。

南北朝时期数学家张丘建著的《张丘建算经》3卷，成书于北魏时期。此书补充了等差级数的若干公式，其百鸡问题导致三元不定方程组，其重要之处在于开创"一问多答"的先例，这是过去我国古算书中所没有的。

百鸡问题的大意是公鸡每只值5文钱，母鸡每只值3文钱，而3只小鸡值1文钱。用100文钱买100只鸡，问这100只鸡中，公鸡、母鸡和小鸡各多少只？

这个问题流传很广，解法很多，但从现代数学观点来看，实际上是一个求不定方程整数解的问题。

百鸡问题还有多种表达形式，如"百僧吃百馍"和"百钱买百禽"等。宋代数学家杨辉算书内有类似问题。此外，中古时近东各国也有相仿问题流传，而且与《张丘建算经》的题目几乎全同。可见其对后世的影响。

与上述几位古典数学理论构建者相比，祖冲之则重视数学思维和数学推理，他将传统数学大大向前推进了一步。

祖冲之写的《缀术》一书，被收入著名的《算经十书》中，作为唐代国子监算学课本。

祖冲之将圆周率的真值精确到3.1415926，是当时世界上最先进的成就。他还和儿子祖暅一起，利用"牟合方盖"圆满地解决了球体积的计算问题，得到了正确的球体积公式。

祖冲之还在462年编订《大明历》，使用岁差，改革闰制。他反对谶纬迷信，不虚推古人，用数学方法比较准确地推算出相关的数值，坚持了实事求是的科学精神。

祖冲之的儿子祖暅从小爱好数学，巧思入神，极其精微。专心致志之时，雷霆不能入。

有一次，祖暅边走路边思考数学问题，走着走着，竟然一头撞在了对面过来的仆射徐勉身上。"仆射"是很高的官，徐勉是朝廷要人，倒被这位年轻小伙子碰得够呛，不禁大叫起来。这时祖暅方才醒悟。

祖暅发现了著名的等幂等积定理，又名"祖暅原理"，是指所有等高处横截面积相等的两个同高立体，其体积也必然相等。在当时的世界上处于领先地位。

知识点滴

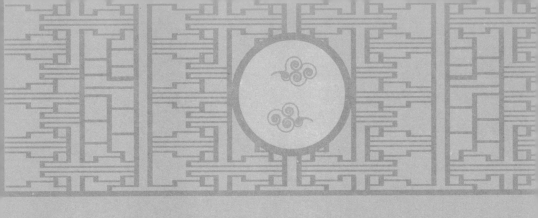

古典数学发展的高峰

唐代是我国封建社会鼎盛时期。朝廷在国子监设算学馆，置算学博士、助教指导学生学习。为宋元时期数学发展高潮拉开了序幕。

南宋时期翻刻的数学著作，是目前世界上传世最早的印刷本数学著作。贾宪、李冶、杨辉、朱世杰等人的著作，对传播普及数学知识，意义尤为深远。

唐代有个天文学家，名叫李淳风，有一次，他在校对新岁历书时，发现朔日将出现日蚀，这是不吉祥的预兆。

唐太宗听说这个消息很不高兴，说："日蚀如不出现，那时看你如何处置自己？"

李淳风说："如果没有日蚀，我甘愿受死。"

到了朔日，也就是初一那天，皇帝便来到庭院等候看结果，并对李淳风说："我暂且放你回家一趟，好与老婆孩子告别。"

李淳风说："现在还不到时候。"说着他便在墙上划了一条标记：等到日光照到这里的时候，日蚀就会出现。

日蚀果然出现了，跟李淳风说的时间丝毫不差。

李淳风不仅对天文颇有研究，他还是个大名鼎鼎的数学家。

唐代国子监算学馆以算取士。656年，李淳风等奉敕为《周髀算经》、《九章算术》、《海岛算经》、《孙子算经》、《夏侯阳算经》、《缀术》、《张丘建算经》、《五曹算经》、《五经算术》、《缉古算经》这10部算经作注，作为算学馆教材。

这就是著名的《算经十书》，该书是我国古代数学奠基时期的总结。

唐代中期之后，生产关系和社会各方面逐渐产生新的实质性变

革。至宋太祖赵匡胤建立宋王朝后，我国封建社会进入了又一个新的阶段，农业、手工业、商业和科学技术得到更大发展。

宋朝秘书省于1084年首次刊刻了《九章算术》等10部算经，是世界上首次出现的印刷本数学著作。后来南宋数学家鲍澣之翻刻了这些刻本，有《九章算术》半部、《周髀算经》、《孙子算经》、《五曹算经》、《张丘建算经》共5种及《数术记遗》等孤本流传至今。

宋元时期数学家贾宪、沈括、秦九韶、杨辉、李冶、朱世杰的著作，大都在成书后不久即刊刻，并借助当时发达的印刷术得以广泛流传。

贾宪是北宋时期数学家，撰有《黄帝九章算术算经细草》，是当时最重要的数学著作。此书因被杨辉《详解九章算术算法》抄录而大部分保存了下来。

贾宪将《九章算术》未离开题设具体对象甚至数值的术文大都抽象成一般性术文，提高了《九章算术》的理论水平。

贾宪的思想与方法对宋元数学影响极大，是宋元数学的主要推动者之一。

北宋时期大科学家沈括对数学有独到的贡献。在《梦溪笔谈》中首创隙积术，开高阶等差级数求和问题之先河；又提出会圆术，首次提出求弓形弧长的近似公式。

宋元之际半个世纪左右，是我国数学高潮的集中体现，也是我国历史上留下重要数学著作最多的时期，并形成了南宋朝廷统治下的长江中下游与金元朝廷统治下的太行山两侧两个数学中心。

南方中心以秦九韶、杨辉为代表，以高次方程数值解法、同余式解法及改进乘除捷算法的研究为主。

秦九韶撰成《数书九章算术》，总共18卷。分大衍、天时、田域、测望、赋役、钱谷、营建、军旅、市易9类81题，其成就之大，题设之复杂，都超过以往算经。

在这些问题中，有的问题有88个条件，有的答案多达180条，军事问题之多也是空前的，这反映了他对抗元战争的关注。

杨辉共撰5部数学著作，分别是《详解九章算术算法》、《日用算法》、《乘除通变本末》、《田亩比类乘除捷法》和《续古摘奇算法》。传世的有4部，居元以前数学家之冠。

宋元之际的北方中心以李冶为代表，以列高次方程的天元术及其解法为主。李冶的《测圆海镜》12卷、《益古演段》3卷，是流传至今的最早的以天元术为主要方法的著作。

元朝统一全国以后，元代数学家、教育家朱世杰，集南北两个数学中心之大成，达到了我国筹算的最高水平。

朱世杰有两部重要著作《算学启蒙》和《四元玉鉴》传世。他曾经以数学家的身份周游全国20余年，向他学习数学的人很多。

此外，杨辉、朱世杰等人对筹算乘除捷算法的改进、总结，导致了珠算盘与珠算术的产生，完成了我国计算工具和计算技术的改革。

元朝中后期，又出现了《丁巨算法》、贾亨《算法全能集》、何平子《详明算法》等改进乘除捷算法的著作。

知识点滴

据说李淳风能掐会算。

有一次他对皇帝说："7个北斗星要变成人，明天将去西市喝酒。可以派人守候在那里，将他们抓获。"

唐太宗便派人前去守候。果然见有7个婆罗门僧人从金光门进城到西市酒楼饮酒。使臣上前宣读了皇帝旨意，请几位大师到皇宫去一趟。

僧人们互相看了看，然后笑道："一定是李淳风这小子说我们什么了。"

僧人们下楼时，使者在前面带路先下去了，当使者回头看他们时，7个人早已踪影全无。唐太宗闻奏，更加佩服李淳风。

中西方数学的融合

明末清初，西方初等数学开始陆续传入我国，使我国的数学研究出现一个中西融会贯通的局面。鸦片战争以后，西方近代数学开始传入我国，我国数学转入一个以学习西方数学为主的时期。

在西学东渐的过程中，徐光启的《几何原本》、梅文鼎的《梅氏丛书辑要》，以及李善兰等人的译作和著述，促进了中西方数学的融合。

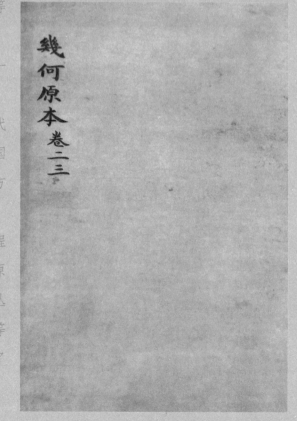

1604年，徐光启考中进士后，担任翰林院庶吉士，在北京住了下来。在此之前，意大利传教士利玛窦来到我国，在宣武门外置了一处住宅长期留居，进行传教活动。

徐光启在公余之暇，常常去拜访利玛窦，彼此慢慢熟悉了，开始建立起较深的友谊。

利玛窦用古希腊数学家欧几里得的著作《欧几里得原本》做教材，对徐光启讲授西方的数学理论。

经过一段时间的学习，徐光启完全弄懂了《欧几里得原本》这部著作的内容，深深地为它的基本理论和逻辑推理所折服，认为这些正是我国古代数学的不足之处。于是，徐光启建议利玛窦同他合作，一起把它译成中文。

1607年的春天，徐光启和利玛窦译出了这部著作的前6卷。付印之前，徐光启又独自一人将译稿加工、润色了3遍，尽可能把译文改得准确。然后他又同利玛窦一起，共同敲定书名的翻译问题。

这部著作的拉丁文原名叫《欧几里得原本》，如果直译成中文，不大像是一部数学著作。如果按照它的内容，译成《形学原本》，又显得太陈旧了。

利玛窦认为，中文里的"形学"，英文叫做"Geo"，它的原意是希腊的土地测量的意思，他建议最好能在中文的词汇里找个同它发音相似、意思也相近的词。

徐光启查考了10多个词组，都不理想。后来他想起了"几何"一词，觉得它与"Geo"音近意切，建议把书名译成《几何原本》，利玛窦感到很满意。

1607年，《几何原本》前6卷正式出版，马上引起巨大的反响，成了明代末期从事数学工作的人的一部必读书，这对发展我国的近代数

《几何原本》刻本

学起了很大的作用。

徐光启翻译《几何原本》之后，介绍西方三角学的著作有《大测》和《测量全义》等。在传入的数学中，影响最大的是《几何原本》。

《几何原本》是我国第一部数学翻译著作，其中的许多数学名词如"几何"等为首创，徐光启认为对它"不必疑"、"不必改"，"举世无一人不当学"。《几何原本》是明清两代数学家必读的数学书，对我国的数学研究工作颇有影响。

1646年，波兰传教士穆尼阁来华，跟随他学习西方科学的有数学家方中通等人。穆尼阁去世后，方中通等人据其所学，编成《历学会通》，想把中法西法融会贯通起来。

《历学会通》中的数学内容主要有《比例对数表》、《比例四线新表》和《三角算法》。

前两书是介绍英国数学家纳皮尔和布里格斯发明增修的对数。后一书除《崇祯历书》介绍的球面三角外，尚有半角公式、半弧公式、德氏比例式、纳氏比例式等。

方中通个人所著的《数度衍》对对数理论进

行解释。对数的传入是十分重要的，它在历法计算中立即就得到了应用。

清初学者研究中西数学有心得而著书传世的很多，影响较大的有梅文鼎《梅氏丛书辑要》和年希尧《视学》等。

梅文鼎是集中西数学之大成者。他对传统数学中的线性方程组解法、勾股形解法和高次幂求正根方法等方面进行整理和研究，使濒于枯萎的明代数学出现了生机。年希尧的《视学》是我国第一部介绍西方透视学的著作。

清代康熙皇帝十分重视西方科学，他除了亲自学习天文学、数学以外，还培养了一些专业人才，翻译了一些著作。

1712年，多学科科学家明安图、天文历算家陈厚耀等，在康熙皇帝的旨意下编纂天文算法书，完成了《律历渊源》100卷。以康熙"御定"的名义于1723年出版。

其中的《数理精蕴》分上下两编。上编包括《几何原本》、《算法原本》，均译自法文著作；下编包括算术、代数、平面几何、平面三角、立体几何等初等数学，附有素数表、对数表和三角函数表。

由于《数理精蕴》是一部比较全面的初等数学百科全书，并有康熙"御定"的名义，因此对当时数学研究有一定影响。

综上所述可以看到，清代初期数学家对西方数学做了大量的会通工作，并取得了许多独创性的成果。

后来，随着《算经十书》与宋元时期数学著作的收集与注释，出现了一个研究传统数学的高潮。其中能突破旧有框框并有发明创造的有焦循、汪莱、李锐、李善兰等。

他们的工作，和宋元时期的代数学比较是青出于蓝而胜于蓝的；和西方代数学比较，在时间上晚了一些，但这些成果是在没有受到西方近代数学的影响下独立得到的。

与传统数学研究出现高潮的同时，阮元与李锐等编写了一部天文数学家传记《畴人传》，收集了从黄帝时期至1799年已故的天文学家和数学家270余人，和明代末期以来介绍西方天文数学的传教士41人。

这部著作收集的完全是第一手的原始资料，在学术界颇有影响。

1840年鸦片战争以后，西方近代数学开始传入我国。首先是英国人在上海设立墨海书馆，开始介绍西方数学。

第二次鸦片战争后，清代朝廷开展"洋务运动"，主张介绍和学习西方数学，组织翻译了一批近代数学著作。

其中较重要的有李善兰与英国人伟烈亚力等人翻译的《代数学》和《代微积拾级》；华蘅芳与英国人傅兰雅合译的《代数术》、《微积溯源》和《决疑数学》；邹立文与狄考文编译的《形学备旨》、《代数备旨》和《笔算数学》；谢洪赉与潘慎文合译的《代形合参》和《八线备旨》等。

在这些译著中，创造了许多数学名词和术语，至今还在应用，但所用数学符号一般已被淘汰了。"戊戌变法"以后，各地兴办新法学校，上述一些著作便成为主要教科书。

知识点滴

在翻译西方数学著作的同时，我国学者也进行了一些研究，写出一些著作，较重要的有李善兰的《尖锥变法解》和《考数根法》；夏弯翔的《洞方术图解》、《致曲术》和《致曲图解》等，都是会通中西学术思想的研究成果。

其中李善兰任北京同文馆天文算学总教习，从事数学教育十余年，培养了一大批数学人才，是我国近代数学教育鼻祖。

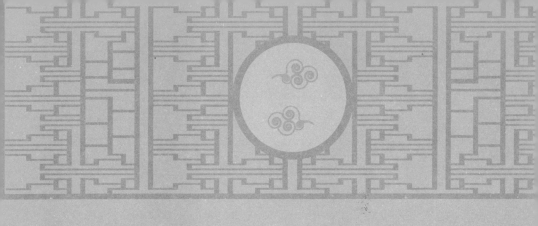

完整的数学教育模式

我国是世界上最早进行数学教育的国家之一。古代数学教育始终置于朝廷的控制之下，同时带有技术教育的性质。此外，私学也在我国教育史上占有重要的地位。

实用性原则是我国古代数学教育所一贯倡导的。教育的方式是从经验出发，从实际出发，建立原理公式，以期解决实践当中出现的各式各样的具体问题。

战国初期齐国名将田忌，很喜欢赛马，有一次，他和齐威王约定，要进行一场比赛。

他们商量好，把各自的马分成上、中、下三等。比赛的时候，要上马对上马，中马对中马，下马对下马。

由于齐威王每个等级的马都比田忌的马强得多，所以比赛了几次，田忌都失败了。田忌觉得很扫兴，比赛还没有结束，就垂头丧气地离开赛马场。

这时，田忌抬头一看，人群中有个人，原来是自己的好朋友孙膑。

孙膑招呼田忌过来，拍着他的肩膀说："我刚才看了赛马，威王的马比你的马快不了多少呀！"

孙膑还没有说完，田忌瞪了他一眼："想不到你也来挖苦我！"

孙膑说："我不是挖苦你，我是说你再同他赛一次，我有办法准能让你赢了他。"

田忌疑惑地看着孙膑："你是说另换一匹马来？"

孙膑摇摇头说："连一匹马也不需要更换。"

田忌毫无信心地说："那还不是照样得输！"

孙膑胸有成竹地说："你就按照我的安排办事吧！"

齐威王屡战屡胜，正在得意地夸耀自己马匹的时候，看见田忌陪着孙膑迎面走来，便站起来讥讽地说："怎么，莫非你还不服气？"

田忌说："当然不服气，咱们再赛一次！"说着，"哗啦"一声，把一大堆银钱倒在桌子上，作为他下的赌钱。

齐威王一看，心里暗暗好笑，于是吩咐手下，把前几次赢得的银钱全部抬来，另外又加了1000两黄金，也放在桌子上。

齐威王轻蔑地说："那就开始吧！"

孙膑先以下等马对齐威王的上等马，第一局输了。齐威王大笑着说："想不到赫赫有名的孙膑先生，竟然想出这样拙劣的对策。"

孙膑不去理他。接着进行第二场比赛。孙膑拿上等马对齐威王的中等马，获胜了一局。齐威王有点心慌意乱了。

第三局比赛，孙膑拿中等马对齐威王的下等马，又战胜了一局。这下，齐威王目瞪口呆了。比赛的结果是三局两胜，当然是田忌赢了齐威王。还是同样的马匹，由于调换一下比赛的出场顺序，就得到转败为胜的结果。

田忌在赛马中之所以获胜，是因为他引入数学策略进行博弈。田忌在探索最佳对策中，研究了竞争双方各自采用什么对策才能战胜对手。结果验证了田忌胜齐威王的方案的唯一性。

我国古代数学教育历史悠久，而"田忌赛马"恰恰体现了当时数学教育在历史发展过程中一贯强调的实用性原则。

事实证明，这一教学原则能够提高人的推理能力和抽象能力，实现思维转换，最终解决实际问题。我国数学教育早在周代就开始了，据《礼记·内则》记载：

> 六年教之数与方名……九年教之数日，十年出就外傅，居宿于外，学书计。

意思是说，6岁的时候，就要教给孩子识数和辨认方向并记住名称……9岁的时候，就教给孩子怎样计算日期，10岁的时候，就要送男孩出外住宿拜师求学，学习写字和记事。

《周礼》中记载的小学教学内容为六艺："礼、乐、射、御、书、数。"其中的"数"指的是九数，即后来的《九章算术》中的一些基本内容。可见周秦时期的数学教育是附在一般的文化教育之中的，内容多半是结合日常生活的数学基础知识。

我国历史上第一个创办私学的孔子也非常重视数学教育。孔子对《周易》进行学习和研究，并加以传授，有着不可磨灭的功劳。

两汉时期，《九章算术》问世，这部世界数学名著总结了我国公元前的全部数学成果，其中许多成就在世界上处于领先地位。

16世纪前的我国数学著作大多遵循了《九章算术》的体例，我国古代的数学教育也一直以它作为基本教材之一。

隋统一全国以后，创立了科举制度，建立了全国最高学府国子

寺，并在国子寺里设立了明算学。明算学内设算学博士两人，算学助教两人，从事数学教学工作，有学生80人。这在我国数学教育史上具有里程碑意义。至唐代，官办的数学教育有了进一步的发展，在唐朝的最高学府国子监里设有明经、进士、秀才、明法、明书、明算6科。

明算科内设算学博士两人，"掌教文武八品以下及庶人子为生者"，还有算学助教一人。算学博士的官级很低，只有"从九品下"，而算学助教则没有品级。

唐初由于教学的需要，由科学家李淳风等人奉诏注释并审定了10部算书，作为明算科的教科书，数学史上称作《算经十书》，即《九章算术》、《海岛算经》、《孙子算经》、《五曹算经》、《张丘建算经》、《周髀算经》、《五经算术》、《缀术》、《缉古算经》及《夏侯阳算经》，还有《数术记遗》和《三等数》供学生兼学。

唐代初期明算科的学制为7年，学生分两组学习，每组15人。第一组学习《九章算术》等8部算经，第二组学习其余两部较难的《缀术》与《缉古算经》。每部算经的学习年限都有具体规定。两组学生都兼学《数术记遗》和《三等数》。

学生学习期满后，要参加考试，明算科的考试也分两组进行，每组各出10道题。第一组除按《九章算术》出3道题外，其他7部算经各出一题，第二组按《缀术》出6题，《辑古算经》出4题。

成绩的评定方法是，每组10道题中"得8以上为上，得6以上为中，得5以下为下"，并规定答对6题算合格。考试合格的人员送交吏部录用，授予九品以下的官级。

由上可见，唐代已形成了一套比较完善的数学教育制度。

后来随着贸易和文化交流的开展，我国的数学和教育制度传入朝

鲜、日本等邻国。因此，朝、日两国的数学深受我国的影响，他们的数学教育制度和教科书原来基本上是采用我国的。

宋元时期，官办的数学教育日渐衰落，而民间的数学教育却比较盛行。当时许多有名的数学家，如杨辉、李冶、朱世杰、郭守敬等，或设馆招徒，或隐居深山，或云游四方，传道授业，讲授数学。

有的还自订教学计划大纲，如杨辉的"习算纲目"，或自编教材如朱世杰的《算学启蒙》，推动了数学教育的发展。

明代万历年间，随着耶稣会传教士的到来，对我国的学术思想有所触动。1605年利玛窦辑著《乾坤体义》，被《四库全书》编纂者称为"西学传入中国之始"。

清代朝廷在1860年开始推行"洋务运动"，当时的洋务人士，主

要采取"中学为体，西学为用"的态度来面对西学。"甲午战争"以后，大量的西方知识传入我国，影响非常广泛。许多人以转译日本人所著的西学书籍来接受西学。

明清时期的"西学东渐"对我国中小学数学教育影响最大的莫过于《几何原本》，该书第一次把欧几里得几何学及其严密的逻辑体系和推理方法引入我国，同时确定了许多我们现在耳熟能详的几何学名词，如点、直线、平面、相似等。

徐光启只翻译了前6卷，后9卷由数学家李善兰与伟烈亚力等人在1857年译出，同时，翻译了《代数术》、《代微积拾级》等著作，为符号代数及微积分首次传入中国。此外，数学家华蘅芳在19世纪60年代以后与英国人傅兰雅合作译了不少著作，介绍了对数表、概率等新的数学概念。清代末期新式学堂中的数学教材多取于两人的著作。

知识点滴

我国古代，富家子弟到了入学年龄，有的要去官办学校读书学习，也有的去私塾学习。孩子入学要讲究礼仪，尤其是进入私学的要行一套拜师礼仪。

首先，要穿戴整齐才能去面见私塾中的先生。见了先生后要跪拜，然后先生会以朱砂在孩子的额头点出一点，称之为"点朱砂"。行礼后起身之时，先生会赠与孩子一支毛笔用来告诫学生勤勉于己，刻苦读书。

毛笔一般是父母先买好转交给先生。最后是以三拜九叩之礼拜孔子，以示对"至圣先师"的尊敬。

数学成就

　　我国为世界四大文明古国之一，在数学发展史上，创造出许多杰出成就。比如勾股定理的发现和证明、"0"和负数的发明和使用、十进位值制记数法、祖冲之的圆周率推算、方程的四元术等，都是我国古代数学领域的贡献，在世界数学史上占有重要地位。

　　我国古代数学取得的光辉成就，是人类对数学的认识过程中迈出的重要步伐，远远走在世界的前列。扩大了数学的领域，推动了数学的发展，在人类认识和改造世界过程中发挥了重要作用。

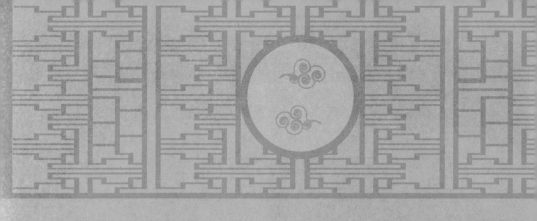

发现并证明勾股定理

勾股定理是一个基本几何定理，是人类早期发现并证明的重要数学定理之一，是用代数思想解决几何问题的最重要的工具之一，也是数形结合的纽带之一。勾股定理是余弦定理的一个特例。

世界上几个文明古国如古巴比伦、古埃及都先后研究过这条定理。我国是最早了解勾股定理的国家之一，被称为"商高定理"。

成书于公元前1世纪的我国最古老的天文学著作《周髀算经》中，记载了周武王的大臣周公询问皇家数学家商高的话，其中就有勾股定理的内容。

这段话的内容是，周公问："我听说你对数学非常精通，我想请教一下：天没有梯子可以上去，地也没法用尺子去一段一段丈量，那么关于天的高度和地面的一些测量的数据是怎么样得到的呢？"

商高说："数的产生来源于对圆和方这些图形的认识。其中有一条原理：当直角三角形'矩'得到的一条直角边'勾'等于3，另一条直角边'股'等于4的时候，那么，它的斜边'弦'就必定是5。"

这段对话，是我国古籍中"勾三、股四、弦五"的最早记载。

用现在的数学语言来表述就是：在任何一个不等腰的直角三角形中，两条直角边的长度的平方和等于斜边长度的平方。也可以理解成两个长边的平方之差与最短边的平方相等。

基于上述渊源，我国学者一般把此定理叫作"勾股定理"或"商高定理"。

商高没有解答勾股定理的具体内容，不过周公的后人陈子曾经运用他所理解的太阳和大地知识，运用勾股定理测日影，以确定太阳的高度。这是我国古代人民利用勾股定理在科学上进行的实践。

周公的后人陈子也成了一个数学家，是他详细地讲述了测量太阳高度的全套方案。这位陈子是当时的数学权威，《周髀算经》这本书，除了最前面一节提到商高以外，剩下的部分说的都是陈子的事。

据《周髀算经》说，陈子等人的确以勾股定理为工具，求得了太阳与镐京之间的距离。为了达到这个目的，他还用了其他一系列的测量方法。

陈子用一只长8尺，直径0.1尺的空心竹筒来观察太阳，让太阳恰好装满竹筒的圆孔，这时候太阳的直径与它到观察者之间距离的比例正好是竹筒直径和长度的比例，即1比80。

经过诸如此类的测量和计算，陈子和他的科研小组测得日下60000里，日高80000里，根据勾股定理，求得斜至日整10万里。

这个答案现在看来当然是错的。但在当时，陈子对他的方案充分信心。他进一步阐述这个方案：

在夏至或者冬至这一天的正午，立一根8尺高的竿来测量日影，根据实测，正南1000里的地方，日影1.5尺，正北1000里的地方，日影1.7尺。这是实测，下面就是推理了。

越往北去，日影会越来越长，总有一个地方，日影的长会正好是6尺，这样，测竿高8尺，日影长6尺，日影的端点到测竿的端点，正好是10尺，是一个完美的"勾三股四弦五"的直角三角形。

　　这时候的太阳和地面，正好是这个直角三角形放大若干倍的相似形，而根据刚才实测数据来说，南北移动1000里，日影的长短变化是0.1尺，那由此往南60000里，测得的日影就该是零。

　　也就是说从这个测点到"日下"，太阳的正下方，正好是60000里，于是推得日高80000里，斜至日整10万里。

　　接下来，陈子又讲天有多高地有多大，太阳一天行几度，在他那儿都有答案。

　　陈子根本没有想到这一切都是错的。他要是知道他脚下大得没边的大地，只不过是一个小小的寰球，体积是太阳的一百三十万分之一，就像飘在空中的一粒尘土，真不知道他会是什么表情。

　　书的最后陈子说：一年有365天4分日之一，有12月19分月之7，一月有29天940分日之499。这个认识，有零有整，而且基本上是对的。

　　现在大家都知道一年有365天，好像不算是什么学问，但在那个时

代，陈子的学问不是那么简单的，虽然他不是全对。

勾股定理的应用，在我国战国时期另一部古籍《路史后记十二注》中也有记载：大禹为了治理洪水，使不决流江河，根据地势高低，决定水流走向，因势利导，使洪水注入海中，不再有大水漫溢的灾害，也是应用勾股定理的结果。

勾股定理在几何学中的应用非常广泛，较早的案例有《九章算术》中的一题：有一个正方形的池塘，池塘的边长为1丈，有一棵芦苇生长在池塘的正中央，并且芦苇高出水面部分有1尺，如果把芦苇拉向岸边则恰好碰到岸沿，问水深和芦苇的高度各多少？

这是一道很古老的问题，《九章算术》给出的答案是"12尺"、"13尺"。这是用勾股定理算出的结果。

汉代的数学家赵君卿，在注《周髀算经》时，附了一个图来证明"商高定理"。这个证明是400多种"商高定理"的证明中最简单和最巧妙的。外国人用同样的方法来证明的，最早是印度数学家巴斯卡拉·阿查雅，那是1150年的时候，可是比赵君卿还晚了1000年。

东汉初年，根据西汉和西汉时期以前数学知识积累而编纂的一部数学著作《九章算术》里面，有一章就是讲"商高定理"在生产事业上的应用。

直至清代才有华蘅芳、李锐、项名达、梅文鼎等创立了这个定理的几种巧妙的证明。

勾股定理是人们认识宇宙中形的规律的起点，在东西方文明起源过程中，有着很多动人的故事。

我国古代数学著作《九章算术》的第九章即为勾股术，并且整体上呈现出明确的算法和应用性特点，表明已懂得利用一些特殊的直角三角形来切割方形的石块，从事建筑庙宇、城墙等。

这与欧几里得《几何原本》第一章的毕达哥拉斯定理及其显现出来的推理和纯理性特点恰好形成熠熠生辉的对比，令人感慨。

"商高定理"在外国称为"毕达哥拉斯定理"。为什么一个定理有这么多名称呢？

毕达哥拉斯是古希腊数学家，他是公元前5世纪的人，比商高晚出生500多年。希腊另一位数学家欧几里得在编著《几何原本》时，认为这个定理是毕拉哥拉斯最早发现的，所以他就把这个定理称为"毕拉哥拉斯定理"，以后就流传开了。

事实上，说勾股定理是毕达哥拉斯所发现的是不大确切的。因为在这之前，古埃及、古巴比伦和我国都已经出现了这方面的理论与实践。

知识点滴

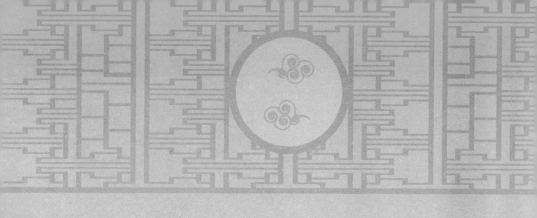

发明使用0和负数

我国是世界上公认的"0"的故乡。在数学史上，"0"的发明和使用是费了一番周折的。我国发明和使用"0"，对世界科学作出了巨大的贡献。

在商业活动和实际的生产生活当中，由于"0"不能正确表示出商人付出的钱数和盈利得来的钱数，因而又出现了负数。从古至今，负数在日常生活中有非常重要的作用。

在我国的数字文化中，某一数字的含义或隐意，往往与它的谐音字有关。在长期使用"0"的过程中，人们同样赋予"0"许多文化内涵。

"0"的象形为封闭的圆圈，在我国古代哲学中，它象征周而复始的循环、空白、起始点或空无。

在自然序列数字中，"0"表示现在，负数表示过去，正数表示将来。在一个正整数的后面加一个"0"，便增加10倍；用"0"乘任何一个数其结果都为"0"；用"0"去除任何一个数其结果就变得不可思议。

零含有萧杀之意。传说古代的舜帝便死于零陵；古代家人散失，要写寻人帖并悬于竿上，随风摇曳，故名"零丁"；秋风肃杀，草坠曰零，叶坠为落，合称为"零落"，又指人事之衰谢、亲友之逝去。

零的发音也与灵相同，选择"0"来表示零，可能含有神灵的神秘意义。零星又称作"灵星"，即"天田星"，或龙星座的"左角之小星"，主管谷物之丰歉，是后稷在天上的代表。我国汉代时曾设有灵星祠。

我国是世界上最早发明和使用"0"的国家。从"0"开始，深入到数字王国，其中充满着古人的智慧，值得一说的事情无穷无尽。

其实，"0"的产生经历了一个漫长的过程。远古时候，人们靠打猎为生，由于当时计数很困难，打回来的猎物没有一个明确的数表示，常常引出许多的麻烦。

在这种情况下，人们迫切需要"0"这个数字的问世。但是，当时却没有发现能代表"什么也没有"的空位符号。

到了我国最早的诗歌总集《诗经》成书时，其中就有"0"的记载。《诗经》大约成书于西周时期，在当时的语义里，"0"原本指"暴风雨末了的小雨滴"，它被借用为整数的余数，即常说的零头，有整有零、零星、零碎的意思。

据考证，"0"这个符号表示"没有"和应用到社会中，是从我国古书中缺字用"□"符号代替演变而来。至今，人们在整理出版一些

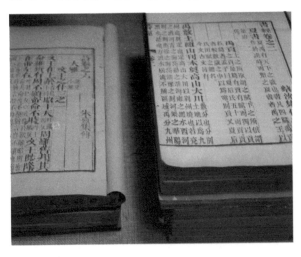

文献资料档案中遇到缺字时，仍用"□"这个符号代替，表示空缺的意思。

我国古代的历书中，用"起初"和"开端"来表示"加"。古书里缺字用"□"来表示，数学上记录"0"时也用"□"

来表示。

这种记录方式，一方面为了把两者区别开来，更重要的是，由于我国古代用毛笔书写。用毛笔写"0"比写"□"要方便得多，所以0逐渐变成按逆时针方向画的圆圈"○"，"0"也就这样诞生了。

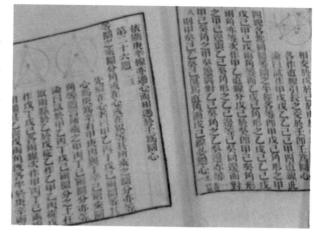

至魏晋时期数学家刘徽注《九章算术》时，已经把"0"作为一个数字，含有初始、端点、本源的意思。有了"0"这个表示空位的符号后，数学计数就变得方便、简捷了。

我国古代筹算亦有"凡算之法，先识其位"的说法，以空位表示"0"；后来的珠算空档也表示"0"，被称为金元数字，以示珍重。

另外，据说"0"是印度人首先发明的。最初，印度人在使用十进位值记数法时，是用空格来表示空位的，后来又以小点来表示，最后才用扁圆"0"来表示。

事实上，直至16世纪时，欧洲才逐渐采用按逆时针方向画"0"。因此，国际友人称誉我国是"0"的故乡。

阿拉伯数字从西方传入我国的时候，大约是在宋元时期，我国的"0"已经使用2000年左右的时间了。可见我国是世界上最早发明和使用"0"的国家。

我国发明和使用"0"，对世界科学作出了巨大的贡献。"0"自从一出现就具有非常旺盛的生命力，现在，它广泛应用于社会的各个

领域。

在数学里，小于"0"的数称为"负数"。在古代商业活动和实际的生活当中，"0"仍不能正确表示出商人付出的钱数和盈利得来的钱数，因而又出现了负数。

我国古代劳动人民早在公元前2世纪就认识到了负数的存在。人们在筹算板上进行算术运算的时候，一般用黑筹表示负数，红筹表示正数。或者是以斜列来表示负数，正列表示正数。

此外，还有一种表示正负数的方法是用平面的三角形表示正数，矩形表示负数。

据考古学家考证，在《九章算术》的《方程》篇中，就提出了负数的概念，并写出了负数加减法的运算法则。此外，我国古代的许多数学著作甚至历法都提到了负数和负数的运算法则。

南宋时期的秦九韶在《数术九章算术》一书中记载有关于作为高次方程常数项的结果"时常为负"。

杨辉在《详解九章算术算法》一书中，把"益"、"从"、"除"和"消"分别改为了"加"与"减"，这更加明确了正负与加减的关系。

元代数学家朱世杰在《算学启蒙》一书中，第一次将"正负术"

列入了全书的《总括》之中，这说明，那时的人们已经把正负数作为一个专门的数学研究科目。

在这本书中，朱世杰还写出了正负数的乘法法则，这是人们对正负数研究迈出的新的一步。

我国对正负数的认识不但比欧洲人早，而且也比古印度人早。印度开始运用负数的年代比我国晚700多年，直至630年，印度古代著名的大数学家婆罗摩笈多才开始使用负数，他用小点或圆圈来表示负号。而在欧洲，人们认识负数的年代大约比我国晚了1000多年。

负数概念的提出，以及和它相应建立的加减乘除法则，是中华民族对数学研究所作出的又一项巨大贡献。

阿拉伯数字传入我国，大约在宋元时期。当时蒙古帝国的势力远及欧洲，元统一全国后，和欧洲交往频繁，阿拉伯数字便通过西域通道传入我国。

我国古代有一种数字叫"筹码"，写起来比较方便，所以阿拉伯数字当时在我国没有得到及时的推广运用。过了六七百年，直至20世纪初清代朝廷推行新政，国人才开始比较普遍地使用阿拉伯数字，并逐渐成为人们学习、生活和交往中最常用的数字。

这个史实说明，我国是世界上最早发明和使用数字的国家。

知识点滴

内容丰富的图形知识

　　我国农业和手工业发展得相当早而且成熟。先进的农业和手工业带来了先进的技术，其中不少包含着图形知识。包括测绘工具的制造和使用，图形概念的表现形式，土地等平面面积和粮仓等立体体积的计算等。

　　我国古代数学中的几何知识具有一种内在逻辑，这是以实用材料组织知识体系和以图形的计算作为知识的中心内容。

　　规、矩等早期的测量工具的发明，对推动我国测量技术的发展有直接的影响。

大禹在治水时，陆行乘车，水行乘舟，泥行乘橇，山行穿着钉子鞋，经风沐雨，非常辛苦。他左手捏着准绳，右手拿着规矩，黄河、长江到处跑，四处调研。

大禹为了治水，走在树梢下，帽子被树枝刮走了，他也不回头看；鞋子跑丢了，也不回去拣。其实他不是不知道鞋子丢了，他是不肯花时间去捡。

正如有一句鞭策人心的名言：大禹不喜欢一尺长的玉璧，却珍惜一寸长的光阴。

大禹手里拿的"准"、"绳"、"规"、"矩"，就是我国古代的作图工具。

原始作图肯定是徒手的。随着对图形要求的提高，特别是对图形规范化要求的提出，如线要直、弧要圆等，作图工具的创制也就成为必然的了。

"准"的样式有些像现在的丁字尺，从字义上分析，它的作用大概是与绳结合在一起，用于确定大范围内的线的平直。

"规"和"矩"的作用，分别是画图和定直角。这两个字在甲骨文中已有出现，规取自用手执规的样子，矩取自它的实际形状。矩的形状后来有些变化，由含两个直角变成只含一个直角。

规、矩、准、绳的发明，有一个在实践中逐步形成和完善的过程。这些作图工具的产生，有力地推动了与此相关的生产的发展，也

极大地充实和发展了人们的图形观念和几何知识。

战国时期已经出现了很好的技术平面图。在一些漆器上所画的船只、兵器、建筑等图形，其画法符合正投影原理。在河北省出土的战国时中山国古墓中的一块铜片上有一幅建筑平面图，表现出很高的制图技巧和几何水平。

规、矩等早期的测量工具的发明，对推动我国测量技术的发展有直接的影响。

秦汉时期，测量工具渐趋专门和精细。为量长度，发明了丈杆和测绳，前者用于测量短距离，后者则用于测量长距离。还有用竹篾制成的软尺，全长和卷尺相仿。矩也从无刻度的发展成有刻度的直角尺。

另外，还发明了水准仪、水准尺以及定方向的罗盘。测量的方法自然也更趋高明，不仅能测量可以到达的目标，还可以测量不可到达的目标。

秦汉以后测量方法的高明带来了测量后计算的高超，从而丰富了我国数学的内容。

据成书于公元前1世纪的《周髀算经》记载，西周开国时期周公与商高讨论用矩测量的方法，其中商高所说的用矩之道，包括了丰富的数学内容。

商高说："平矩以正绳，偃矩以望高，复矩以测深，卧矩以知远……" 商高说的大意是将曲尺置于不同的位置可以测目标物的高度、深度与广度。

商高所说用矩之道，实际就是现在所谓的勾股测量。勾股测量涉及勾股定理，因此，《周髀算经》中特别举出了勾三、股四、弦五的例子。

秦汉时期以后，有人专门著书立说，详细讨论利用直角三角形的相似原理进行测量的方法。这些著作较著名的有《周髀算经》、《九章算术》、《海岛算经》、《数术记遗》、《数书九章算术》、《四元玉鉴》等，它们组成了我国古代数学独特的测量理论。

图形的观念是在人们接触自然和改造自然的实践中形成的。人类早期是通过直接观察自然，效仿自然来获得图形知识的。

这里所谓的自然，不是作一般解释的自然，而是按照对人类最迫切需要，以食物为主而言的自然。人们从这方面获得有关动物习性和植物性质的知识，并由祈求转而形成崇拜。

几乎所有的崇拜方式都表现了原始艺术的特征，如兽舞戏和壁画。可以相信，我们确实依靠原始生活中的生物学因素，才有用图表意的一些技术。这不但是视觉艺术的源泉，而且也是图形符号、数学和书契的源泉。

随着生活和生产实践的不断深入，图形的观念由于两个主要的原因得到加强和发展。

一是出现了利用图形来表达人们思想感情的专职人员。从旧石器时代末期的葬礼和壁画的证据来看，好像那时已经很讲究幻术，并把图形作为表现幻术内容的一部分。

幻术需要有专职人员施行，他们不仅主持重大的典礼，而且充当画师，这样，通过画师的工作，图形的样式逐渐地由原来直接写真转变为简化了的偶像和符号，有了抽象的意义。

二是生产实践所起的决定性影响。图形几何化的实践基础之一是编织。据考证，编篮的方法在旧石器时代确已被掌握，对它的套用还出现了粗织法。

编织既是技术又是艺术，因此除了一般的技术性规律需要掌握外，还有艺术上的美感需要探索，而这两者都必须先经实践，然后经思考才能实现。这就为几何学和算术奠定了基础。

因为织出的花样的种种形式和所含的经纬线数目，本质上，都属于数学性质，因而引起了对于形和数之间一些关系的更深的认识。

当然，图形几何化的原因不仅在于编织，轮子的使用、砖房的建造、土地的丈量，都直接加深和扩大了对几何图形的认识，成为激起古人建立几何观念的基本课题。

如果说，上述这些生产实践活动使人们产生并深化了图形观念，那么，陶器花纹的绘制则是人们表观这种观念的场合。在各种花纹，特别是几何花纹的绘制中，人们再次发展了空间关系，这就是图形间相互的位置关系和大小关系。

考古工作者的考古发现证实，早在新石器时期，我国古人已经有了明显的几何图形的观念。在西安半坡遗址构形及出土的陶器上，已出现了斜线、圆、方、三角形、等分正方形等几何图形。

在所画的三角形中，又有直角的、等腰的和等边的不同形状。

稍晚期的陶器，更表现出一种发展了的图形观念，如江苏省邳县出土的陶壶上已出现了各种对称图形；磁县下潘汪遗址出土的陶盆的沿口花纹上，表现了等分圆周的花牙。

自然界几乎没有正规的几何形状，然而人们通过编织、制陶等实践活动，造出了或多或少形状正规的物体。这些不断出现且世代相传的制品提供了把它们互相比较的机会，让人们最终找出其中的共同之处，形成抽象意义下的几何图形。

今天我们所具有的各种几何图形的概念，也首先决定于我们看到了人们做出来的具有这些形状的物体，并且我们自己知道怎样来做出它们。其实这也是实践出真知的例证。

我国古代也对角有了一定的认识并能加以应用。据战国时期成书的《考工记》记载，那时人们在制造农具、车辆、兵器、乐器等工作中，已经对角的概念有了认识并能加以应用。

《周礼·考工记》中说，当时的工匠制造农具、车辆等，"半矩谓之宣，一宣有半谓之欘，一欘有半谓之柯，一柯有半谓之磬折。"

其中，"矩"指直角，即90度。由此推算，"一宣"是45度，一"欘"是67.5度，一"柯"是101度15分，而一"磬折"该是151度52.5分。

不过这不是十分确切的。因为就在同一本书中，"磬折"的大小也有被说成是"一矩有半"，这样它就该是135度了。

各种角的专用名称的出现，既表现了在手工业技术中对角的认识和应用，也反映了我国古代对角的数学意义的重视。它使我国古代数学以另一种方式来解决实践中所出现的问题。

至于面积和体积计算知识的获得，与古代税收制度的建立和度量衡制度的完善有直接关系。

先秦重要典籍《春秋》记载鲁宣公时实行"初税亩"，开始按亩收税，"产十抽一"。《管子》也记载齐桓公时"案田而税"。这些税收制度的实施，首先要弄清楚土地面积，把土地丈量清楚，然后按照亩数的比例来征税。

这说明春秋战国时期我国已经有丈量土地和计算面积与体积的方法。

先秦时期面积和体积计算方法，后来集中出现在西汉时期的《九章算术》一书中，成为了数学知识的重要内容之一。

另外，从考古工作者在居延汉简中，也可以得到证明。这些成就在数学知识早期积累的时候已经逐步形成，并成为后来的面积和体积理论的基础。

传说，大禹身高1丈，脚长1尺，这两个度量单位方便了他的治水工作，他可以"方便"地测量土地山川，这也是"丈夫"一词的来历。

由于忙于丈量山川，太过劳累，而且腿经常浸在泥里，大禹的膝盖严重风湿变形，走路一颠一颠，好像在跳舞一样。后代的道士模仿这个细碎而急促的步子，称作"禹步"，是道士在祷神仪礼中常用的一种步法动作。我国西南少数民族法师的禹步，俗称为"踩九州"，似乎更接近于大禹治理洪水后划定九州的本意。

知识点滴

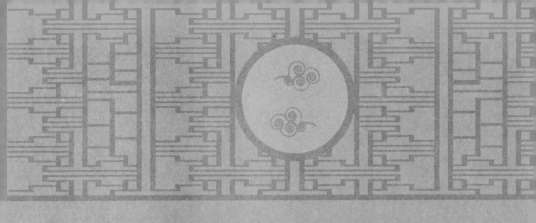

独创十进位值制记数法

　　我国古代数学以计算为主，取得了十分辉煌的成就。其中十进位值制记数法在数学发展中所起的作用和显示出来的优越性，在世界数学史上也是值得称道的。

　　十进位值制记数法是我国古代劳动人民一项非常出色的创造。十进位值制记数法给计算带来了很大的便利，对数学的发展影响深远。十进位值制记数法曾经被马克思称为"人类最美妙的发明之一"

从前，华夏族的人们对天上会生云彩、下雨下雪、打雷打闪，地上会刮大风、起大雾，不知道是咋回事。部落首领伏羲总想把这些事情弄清楚。

有一天，伏羲在蔡河捕鱼，逮住一只白龟。他想：世上白龟少见，当年天塌地陷，白龟老祖救了俺兄妹，后来就再也见不到了。莫非这只白龟是白龟老祖的子孙？嗯，我得把它养起来。

他挖个坑，灌进水，把白龟放在里边，抓些小鱼虾放在坑里，给白龟吃。

说来也怪，白龟养在那儿，坑里的水格外清。伏羲每次去喂它，它都会凫到伏羲前，趴在坑边不动。

伏羲没事儿就坐在坑沿儿，看着白龟，想世上的难题。看着看着，他见白龟盖上有花纹，就折一根草秆儿，在地上照着白龟盖上的花纹画。

画着想着，想着画着，画了九九八十一天，画出了名堂。他把自己的所感所悟用两个符号"——"和"— —"描述了下来，前者代表一阳，后者代表阴。阴阳来回搭配，一阳二阴，一阴二阳，三阳三阴，画来画去，画成了八卦图。

伏羲八卦中的二进制思想，被后来的德国数学家莱布尼茨所利用，于1694年设计出了机械计算机。现在，二进制已成为电子计算机

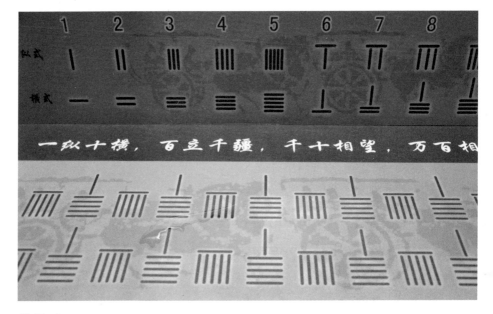

的基础。

不仅伏羲八卦中蕴含了二进制思想，而且我国是世界上第一个既采用十进制，又使用二进制的国家。

二进制与十进制的区别在于数码的个数和进位规律。二进制的计数规律为逢二进一，是以2为基数的记数体制。在十进制中我们通常所说的10，在二进制中就是等价于2的数值。

十进，就是以10为基数，逢十进一位。位值这个数学概念的要点，在于使同一数字符号因其位置不同而具有不同的数值。

我国自有文字记载开始，记数法就遵循十进制了。商代的甲骨文和西周的钟鼎文，都是用一、二、三、四、五、六、七、八、九、十、百、千、万等字的合文来记10万以内的自然数。这种记数法，已经含有明显的位值制意义。

甲骨卜辞中还有奇数、偶数和倍数的概念。

考古学家考证，在公元前3世纪的春秋战国时期，我国古人就已经会熟练地使用十进位制的算筹记数法，这个记数法与现在世界上通用的十进制笔算记数法基本相同。

史实说明：我国是世界上最早发明并使用十进制的国家。我国运用十进制的历史，比世界上第二个发明十进制的国家古代印度，起码早约1000年。

十进位值制记数法包括十进位和位值制两条原则，"十进"即满十进一；"位值"则是同一个数在不同的位置上所表示的数值也就不同。所有的数字都用10个基本的符号表示，满十进一。

同时，同一个符号在不同位置上所表示的数值不同，符号的位置非常重要。

如三位数"111"，右边的"1"在个位上表示1个一，中间的"1"在十位上就表示1个十，左边的"1"在百位上则表示1个百。这样，就使极为困难的整数表示和演算变得更加简便易行。

十进位值制记数法具有广泛的用处。在计算数学方面，商周时期已经有了四则运算，到了春秋战国时期整数和分数的四则运算已相当

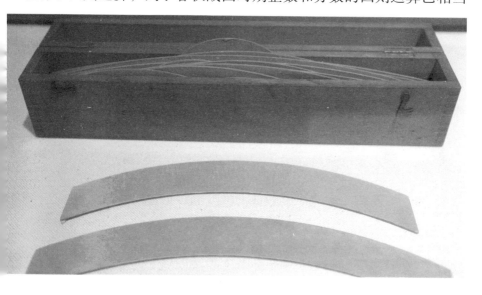

完备。

其中，出现于春秋时期的正整数乘法歌诀《九九歌》，堪称是先进的十进位记数法与简明的我国语言文字相结合之结晶，这是任何其他记数法和语言文字所无法产生的。

从此，《九九歌》成为数学的普及和发展最基本的基础之一，一直延续至今。其变化只是古代的《九九歌》从"九九八十一"开始，到"二二得四"止，现在是由"一一得一"到"九九八十一"。

十进位值制记数法的应用在度量衡发明上也有体现。自古以来，世界各国的度量衡单位进位制就十分繁杂。那时，各个国家甚至各个城市之间的单位不仅不统一，而且连进位制也不一样，制度非常混乱，很少有国家使用十进制，大都为十二进制或十六进制。

其实，在秦统一全国以前，度量衡制度也很不统一，当时的各诸侯国就有四、六、八、十等进位制。

秦始皇统一中国后，发布了关于统一度量衡制度的法令。到西汉末年，朝廷又制定了全国通用的新标准，除"衡"的单位以外，全国已经基本上开始使用十进位制。

唐代，衡的单位根据称量金银的需要，增加了"钱"这个单位。当时的1"钱"，为现在的十分之一"两"，并用"分"、"厘"、"毫"、"丝"、"忽"，作为"钱"以下的十进制单位。

后来，唐朝廷又废除当时使用的在"斤"以上的"钧"、"石"两个单位，增加了"担"这个单位，作为"100斤"的简称。但"斤"和"两"这两个单位在当时却不是十进位制，而是十六进位制，并延续用了比较长的时间。

十进位值制记数法给计算带来了很大的便利，对我国古代计算技术的高度发展产生了重大影响。它比世界上其他一些文明发生较早的地区，如古巴比伦、古埃及和古希腊所用的计算方法要优越得多。

十进位值制记数法的产生缘于人们对自然数认识的扩大和实际需要，体现了数学发展与人类思维发展、人类生活需要之间的因果关系，揭示了数学作为一门思维科学的本质特征。

马克思在他的《数学手稿》一书中称颂十进位值制记数法是最美妙的发明之一，正是对这一数学方法内在的特点及在数学王国中地位的精当概括。而我国先民正是这一"最美妙发明"的最早发明人。

著名的英国科学史学家李约瑟教授曾对我国商代记数法予以很高的评价："如果没有这种十进制，就几乎不可能出现我们现在这个统一化的世界了"，李约瑟说，"总的说来，商代的数字系统比同一时代的古巴比伦和古埃及更为先进更为科学。"

知识点滴

1694年，德国数学家莱布尼茨想改进机械计算机。

一天，欧洲的传教士把我国的八卦介绍给他，他如获至宝研究起来。

八卦中只有阴和阳这两种符号，却能组成8种不同的卦象，进一步又能演变成64卦。这使他灵机一动：用"0"和"1"分别代替八卦中的阴和阳，用阿拉伯数字把八卦表示出来。在这个思路的指引下，他终于发现正好用二进制来表示从0至7的8个数字。

莱布尼茨在八卦的基础上发明了二进制，最终设计出了新的机械计算机。

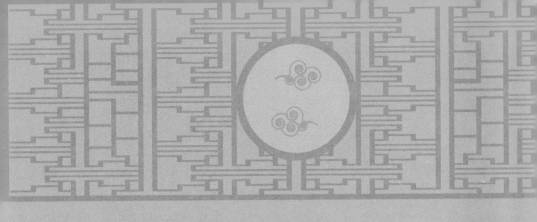

发明使用筹算和珠算

远古时期，随着生产的迅速发展和科学技术的进步，人们在生产和生活中遇到了大量比较复杂的数字计算问题。为了适应这种需要，劳动人民创造了一种重要的计算方法——筹算。

珠算是由筹算演变而来的，这是十分清楚的。为了方便起见，劳动人民便创造出更加先进的计算工具——珠算盘。

由于算盘不但是一种极简便的计算工具，而且具有独特的教育职能，所以到现在仍盛行不衰。

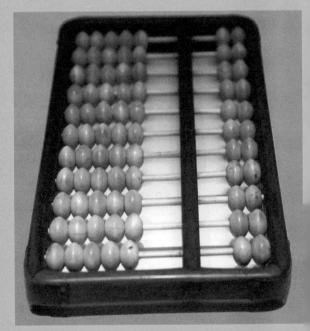

传说，算盘和算数是黄帝手下一名叫隶首的人发明创造的。黄帝统一部落后，先民们整天打鱼狩猎，制衣冠，造舟车，生产蒸蒸日上。由于物质越来越多，算账、管账成为人们经常碰到的事。开始，只好用结绳记事，刻木为号的办法，处理日常算账问题。但由于出出进进的实物数目巨大，虚报冒领的事也经常发生。

有一天，黄帝宫里的隶首上山采食野果，发现山桃核的颜色非常好看。他心想，把这10个颜色的桃核比作10张虎皮，把另外10个颜色的比作10张山羊皮。

今后，谁交回多少猎物，谁领走多少猎物，就给谁记几个山桃核。这样谁也别想赖账。

隶首回到黄帝宫里，把他的想法告诉给了黄帝。黄帝觉得很有道理。于是，就命隶首管理宫里的一切财物账目。

隶首担任了黄帝宫里的"会计"后，命人采集了各种野果，分开类别。比如，山楂果代表山羊；栗子果代表野猪；山桃果代表飞禽等。不论哪个狩猎队捕回什么猎物，隶首都按不同野果记下账。

但好景不长，各种野果存放时间一长，全都变色腐烂了，一时分不清各种野果颜色。隶首便到河滩拣回很多不同颜色的石头片，分别放进陶瓷盘子里。这下记账再也不怕变色腐烂了。

后来，隶首又给每块不同颜色的石片都打上眼，用细绳逐个穿起来。每穿够10个数或100个数，中间穿一个不同颜色的石片。这样清算起来就省事多了。从此，宫里宫外，上上下下，再没有发生虚报冒领的事了。

随着生产的不断发展，人们获得的各种猎物、皮张数字越来越大，品种越来越多，不能老用穿石片来记账目。隶首苦苦思考着更好的办法。有一次，隶首遇到了黄帝手下的老臣风后，就把算账的想法告诉了他。

风后听了隶首的想法，很感兴趣，就让隶首摘来野果，又折回10根细竹棒，每根棒上穿上10枚野果，一连穿了10串，并排插在地上。

风后建议说："猎队今天交回5只鹿就从竹棒上往上推5枚红欧粟子。明天再交回6只鹿，你就再往上推6枚。"接着，风后又向隶首提出了如何进位计算的建议。

在风后的启发下，隶首明白了进位计算的道理，立即做了一个大泥盘子，把人们从蚌肚子里挖出来的白色珍珠拣回来，给每颗上边打成眼。每10颗一穿，穿成100个数的"算盘"。然后在上边写清位数，如十位、百位、千位、万位。从此，记数、算账再也用不着那么多的石片了。算盘就这样诞生了。

其实，传说总归是传说，从历史上看，算盘是在算筹的基础上发

明的，而筹算完成于春秋战国时期。从一定意义上说，我国古代数学史就是一部筹算史。

古时候，人们用小木棍进行计算，这些小木棍叫"算筹"，用算筹作为工具进行的计算叫"筹算"。

春秋战国时期，农业、商业和天文历法方面有了飞跃的发展，在这些领域中，出现了大量比以前复杂得多的计算问题。为了解决这些复杂的计算问题，才创造出计算工具算筹和计算方法筹算。

此外，现有的文献和文物也证明筹算出现在春秋战国时期。例如："算"和"筹"两字，最早出现在春秋战国时期的著作如《仪礼》、《孙子》、《老子》、《法经》、《管子》、《荀子》等中；甲骨文和钟鼎文中到现在仍没有见到这两个字；1、2、3以外的筹算数字最早出现在战国时期的货币上。

当然，所谓筹算完成于春秋战国时期，并不否认在此之前就有简单的算筹记数和简单的四则运算。

关于算筹形状和大小，最早见于《汉书·律历志》。根据记载，算筹是圆形竹棍，以271根为一"握"。算筹直径1分，合现在的0.12厘米，长6寸，合现在的13.86厘米。

根据文献的记载，算筹除竹筹外，还有木筹、铁筹、玉筹和牙筹，还有盛装算筹的算袋和算子筒。唐代曾经规定，文武官员必须携带算袋。

考古工作者曾经在陕西省宝鸡市千阳县发现了西汉宣帝时期的骨制算筹30多根，大小长短和《汉书·律历志》的记载基本相同。其他考古发现也与相关史籍的记载基本吻合。

这些算筹的出土，是我国古代数学史就是筹算史的实物证明。

筹算是以算筹做工具进行的计算，它严格遵循十进位值制记数法。9以上的数就进一位，同一个数字放在百位就是几百，放在万位就是几万。

这种记数法，除所用的数字和现今通用的阿拉伯数字形式不同

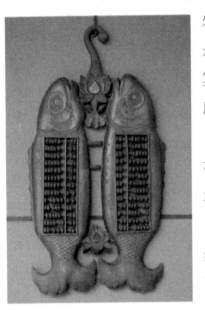

外，和现在的记数法实质是一样的。它是把算筹一面摆成数字，一面进行计算，这个运算程序和现今珠算的运算程序基本相似。

记述筹算记数法和运算法则的著作有《孙子算经》、《夏侯阳算经》和《数术记遗》等。

负数出现后，算筹分成红黑两种，红筹表示正数，黑筹表示负数。算筹还可以表示各种代数式，进行各种代数运

算，方法和现今的分离系数法相似。

我国古代在数字计算和代数学方面取得的辉煌成就，和筹算有密切的关系。

例如祖冲之的圆周率准确到小数第七位，需要计算正12288边形的边长，把一个9位数进行22次开平方，而且加、减、乘、除步骤除外，如果没有十进位值制的计算方法，那就会困难得多了。

筹算在我国古代用了大约2000年，在生产和科学技术以至人民生活中，发挥了重大的作用。随着社会的发展，计算技术要求越来越高，筹算需要改革，这是势在必行的。

筹算改革从中唐以后的商业实用算术开始，经宋元时期出现大量的计算歌诀，至元末明初珠算的普遍应用，大概历时700多年。

《新唐书》和《宋史·艺文志》记载了这个时期出现的大量著作。从遗留下来的著作中可以看出，筹算的改革是从筹算的简化开始而不是从工具改革开始的，这个改革最后导致珠算的出现。

最早提到珠算盘的是明初的《对相四言》。明代中期《鲁班木经》中有制造珠算盘的规格。

算盘是长方形的，四周是木框，里面固定着一根根小木棍，小木棍上穿着木珠，中间一根横梁把算盘分成两部分，每根木棍的上半部有1个珠子，这个珠子当5，下半部有4个珠子，每个珠子代表1。

在现存文献中，比较详细地说明珠算用法的著作，有明代数学家徐心鲁的《盘珠算法》，明代律学家、历学家、数学家和艺术家朱载堉的《算学新说》，明代"珠算之父"程大位的《直指算法统宗》等。以程大位的著作流传最广。

值得指出的是，在元代中叶和元代末期的文学、戏剧作品中都曾提到过珠算。事实上，珠算出现在元代中期，元末明初已经被普遍应用了。

随着时代不断前进，算盘不断得到改进，成为今天的"珠算"。它是中华民族当代"计算机"的前身。我国的珠算还传到朝鲜、日本等国，对这些国家的计算技术的发展曾经起过一定的作用。

知识点滴

自古以来，算盘都是用来算账的，也正因为此，算盘被当作象征富贵的吉祥物，为人们推崇。在民间，常会听到"金算盘"、"铁算盘"之类的比喻，形容的也多是"算进不算出"的精明。

算盘还作为陪嫁出现在嫁妆"六证"之中，以祝福新人婚姻生活富足安好，赢得广茂财源，同时警醒新娘要学会"精打细算"。

此外，若挂在门上、窗上或者书架上，这样可以助人们婚姻生活富足安宁，还可以帮人们驱避小人。

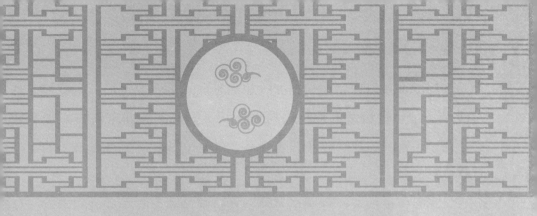

数学史上著名的"割圆术"

　　我国在先秦产生了无穷小分割的若干命题。随着人们认识水平的逐步提高，至南北朝时期，无穷小分割思想已经基本成熟，并被数学家刘徽运用到数学证明中。

　　我国古代的无穷小分割思想不仅是我国古典数学成就之一，而且包含着深刻的哲学道理，在人们发现、分析和解决实际问题的过程中，发挥了积极作用。

　　刘徽在人类历史上首次将无穷小分割引入数学证明，是古代无穷小分割思想在数学中最精彩的体现。

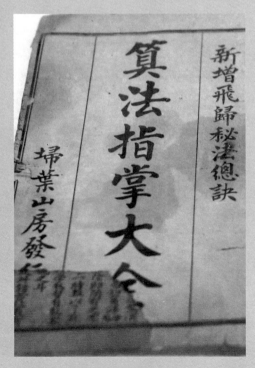

相传很久以前，黄河里有一位河神，人们叫他河伯。河伯站在黄河岸上。望着滚滚的浪涛由西而来，又奔腾跳跃向东流去，兴奋地说："黄河真大呀，世上没有哪条河能和它相比。我就是最大的水神啊！"

有人告诉他："你的话不对，在黄河的东面有个地方叫渤海，那才真叫大呢！"

河伯说："我就不信，渤海再大，它能大得过黄河吗？"

那人说："别说一条黄河，就是几条黄河的水流进渤海，也装不满它。"

河伯固执地说："我没见过渤海，我不信。"

那人无可奈何，告诉他："有机会你去看看渤海，就明白我的话了。"

秋天到了，连日的暴雨使大大小小的河流都注入黄河，黄河的河面更加宽阔了，隔河望去，对岸的牛马都分不清。

这一下，河伯更得意了，以为天下最壮观的景色都在自己这里，他在自得之余，想起了有人跟他提起的渤海，于是决定去那里看看。

河伯顺着流水往东走，到了渤海，脸朝东望去，看不到水边。只见大海烟波浩渺，直接天际，不由得内心受到极大震撼。

河伯早已收起了欣喜的脸色，望着海洋，对着渤海叹息道："如今我看见您的广阔无边，我如果不是来到您的家门前，那就危险了，因为我将永远被明白大道理的人所讥笑。"

渤海神闻听河伯这样说，知道他提高了认识，就打算解答他的一些疑问。

其中有一段是这样的。

河伯问："世间议论的人们总是说：'最细小的东西没有形体可寻，最巨大的东西不可限定范围'。这样的话是真实可信的吗？"

渤海神回答："从细小的角度看庞大的东西不可能全面，从巨大的角度看细小的东西不可能真切。精细，是小中之小；庞大，是大中之大。大小虽不同却各有各的合宜之处，这是事物固有的态势。"

"所谓精细与粗大，仅限于有形的东西，至于没有形体的事物，

是不能用计算数量的办法来分的；而不可限定范围的东西，更不是用数量能够精确计算的。"

上述故事选自被称为"天下第一奇书"的《庄子》的《秋水》篇，这篇文章是人们公认的《庄子》书中第一段文字。因为此篇最得庄周汪洋恣肆而行云流水之妙。

其实，这段对话中说的至精无形、无形不能分的思想，可以看作是作者借河神和海神的对话，阐述了当时的无穷小分割思想。

早在我国先秦时期、西周时期数学家的商高也曾与周公讨论过圆与方的关系。在《周髀算经》中，商高回答周公旦的问话中说得一清二楚。

圆既然出于方，为什么圆又归不了方呢？是世人没有弄清"圆出于方"的原理，而错误地定出了圆周率而造成的。

商高"方圆之法"，即求圆于方的方法，渗透着辩证思维。"万物周事而圆方用焉"，意思是说，要认识世界可用圆方之法；"大匠造制而规矩设焉"，意思是说，生产者要制造物品必然用规矩。

可见"圆方"包容着对现实天地的空间形式和数量关系的认识，而"数之法出于圆方"，就是在说数学研究对象就是"圆方"，即天地，数学方法来之于"圆方"。亦即数学方法源于对自然界的认识。

"毁方而为圆，破圆而为方"，意思是说，圆与方这对矛盾，通过"毁"与"破"是可以互相转化的。认为"方中有圆"或"圆中有方"，就是在说"圆"与"方"是对立的统一体。

这就是商高的"圆方说"。它强调了数学思维要灵活应用，从而揭示出人的智力、人的数学思维在学习数学中的作用。认识了圆，人们也就开始了有关于圆的种种计算，特别是计算圆的面积。

战国时期的"百家争鸣"也促进了数学的发展，尤其是对于正名和一些命题的争论直接与数学有关。

名家认为经过抽象以后的名词概念与它们原来的实体不同，他们

提出"矩不正,不可为方;规不正,不可为圆",认为圆可以无限分割。

墨家则认为,名来源于物,名可以从不同方面和不同深度反映物。墨家给出一些数学定义,例如圆、方、平、直、次、端等。

墨家不同意圆可以无限分割的命题,提出一个"非半"的命题来进行反驳:将一线段按一半一半地无限分割下去,就必将出现一个不能再分割的"非半",这个"非半"就是点。

名家的命题论述了有限长度可分割成一个无穷序列,墨家的命题则指出了这种无限分割的变化和结果。名家和墨家的数学定义和数学命题的讨论,对我国古代数学理论的发展是很有意义的。

汉司马迁《史记·酷吏列传》以"破觚而为圜"比喻汉废除秦的刑法。破觚为圆含有朴素的无穷小分割思想,大约是司马迁从工匠加工圆形器物化方为圆、化直为曲的实践中总结出来的。

上述这些关于"分割"的命题,对后来数学中的无穷小分割思想有深刻影响。

我国古代数学经典《九章算术》在第一章"方田"章中写到"半周半径相乘得积步",也就是我们现在所熟悉的这个公式。

为了证明这个公式,魏晋时期数学家刘徽撰写《九章算术注》,在这一公式后面写了一篇1800余字的注记。这篇注记就是数学史上著名的"割圆术"。

刘徽用"差幂"对割到192边形的数据进行再加工,通过简单的运算,竟可以得到3072边形的高精度结果,附加的计算量几乎可以忽略不计。这一点是古代无穷小分割思想在数学中最精彩的体现。

刘徽在人类历史上首次将无穷小分割引入数学证明,成为人类文明史中不朽的篇章。

庄周是战国时期著名的思想家。他超越了任何知识体系和意识形态的限制,站在天道的环中和人生边上来反思人生。他的哲学是一种生命的哲学,他的思考也具有终极的意义。

庄周还有很多思想十分超前,比如提出了"一尺之棰,日取其半,万世不竭"等命题。

这句话的意思是说,一根一尺长的木棍,每天砍去它的一半,万世也砍不完。这是典型的数学里的极限思想,对古代数学的发展有很大影响。

知识点滴

遥遥领先的圆周率

刘徽创造的割圆术计算方法，只用圆内接多边形面积，而无需外切形面积，从而简化了计算程序，为计算圆周率和圆面积建立起相当严密的理论和完善的算法。

同时，为解决圆周率问题，刘徽所运用的初步的极限概念和直曲转化思想，这在古代也是非常难能可贵的。

在刘徽之后，我国南北朝时期杰出的数学家祖冲之，把圆周率推算到更加精确的程度，比欧洲人早了800多年，取得了极其光辉的成就。

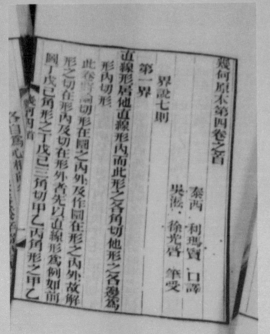

刘徽是魏晋期间伟大的数学家，我国古典数学理论的奠基者之一。他创造了许多数学方面的成就，其中在圆周率方面的贡献，同样源于他的潜心钻研。

有一次，刘徽看到石匠在加工石头，觉得很有趣，就仔细观察了起来。石匠一斧一斧地凿下去，一块方形石料就被加工成了一根光滑的圆柱。

谁会想到，原本一块方石，经石匠师傅凿去4个角，就变成了八角形的石头。再去8个角，又变成了十六边形。这在一般人看来非常普通的事情，却触发了刘徽智慧的火花。

他想："石匠加工石料的方法，为什么不可以用在圆周率的研究上呢？"

于是，刘徽采用这个方法，把圆逐渐分割下去，一试果然有效。刘徽独具慧眼，终于发明了"割圆术"，在世界上把圆周率计算精度提高到了一个新的水平。

近代数学研究已经证明，圆周率是一个"超越数"概念，是一个不能用有限次加减乘除和开各次方等代数运算术出来的数据。我国在两汉时期之前，一般采用的圆周率是"周三径一"。很明显，这个数值非常粗糙，用它进行计算，结果会造成很大的误差。

随着生产和科学的发展，"周三径一"的估算越来越不能满足精确计算的要求，人们便开始探索比较精确的圆周率。

虽然后来精确度有所提高，但大多却是经验性的结果，缺乏坚实的理论基础。因此，研究计算圆周率的科学方法仍然是十分重要的工作。

魏晋之际的杰出数学家刘徽，在计算圆周率方面，作出了非常突出的贡献。

他在为古代数学名著《九章算术》作注的时候，指出"周三径一"不是圆周率值，而是圆内接正六边形周长和直径的比值。而用古法计算出的圆面积的结果，不是圆面积，而是圆内接正十二边形面积。

经过深入研究，刘徽发现圆内接正多边形边数无限增加的时候，多边形周长无限逼近圆周长，从而创立割圆术，为计算圆周率和圆面积建立起相当严密的理论和完善的算法。

刘徽割圆术的基本思想是：

割之弥细，所失弥少，割之又割以至于不可割，则与圆
合体而无所失矣。

就是说分割越细，误差就越小，无限细分就能逐步接近圆周率的实际值。他很清楚圆内接正多边形的边数越多，所求得的圆周率值越精确这一点。

刘徽用割圆的方法，从圆内接正六边形开始算起，将边数一倍一倍地增加，即12、24、48、96，因而逐个算出正六边形、正十二边形、正二十四边形等的边长，使"周径"之比的数值逐步地逼近圆周率。

他做圆内接九十六边形时，求出的圆周率是3.14，这个结果已经比古率精确多了。

刘徽利用"幂"和"差幂"来代替对圆的外切近似，巧妙地避开了对外切多边形的计算，在计算圆面积的过程中收到了事半功倍的效果。

刘徽首创"割圆术"的方法，可以说他是我国古代极限思想的杰出代表，在数学史上占有十分重要的地位。他所得到的结果在当时世界上也是很先进的。

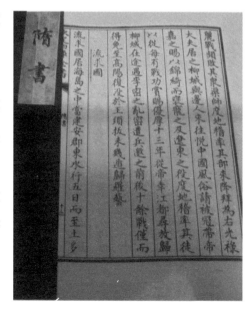

刘徽所处的时代是社会上军阀割据，特别是当时魏、蜀、吴三国割据，那么在这个时候中国的社会、政治、经济发生了极大的变化，特别是思想界，文人学士们互相进行辩难。

所以当时成为辩难之风，

一帮文人学士来到一块，就像我们大专辩论会那样，一个正方一个反方，提出一个命题来大家互相辩论。在辩论的时候人们就要研究讨论关于辩论的技术，思维的规律，所以在这一段人们的思想解放，应该说是在春秋战国之后没有过的，这时人们对思维规律的研究特别发达，有人认为这时人们的抽象思维能力远远超过春秋战国时期。

刘徽在《九章算术注》的自序中表明，把探究数学的根源，作为自己从事数学研究的最高任务。他注《九章算术》的宗旨就是"析理以辞，解体用图"。"析理"就是当时学者们互相辩难的代名词。刘徽通过析数学之理，建立了中国传统数学的理论体系。

在刘徽之后，祖冲之所取得的圆周率数值可以说是圆周率计算的一个跃进。据《隋书·律历志》记载，祖冲之确定了圆周率的不足近似值是3.1415926，过剩近似值是3.1415927，真值在这两个近似值之间，成为当时世界上最先进的成就。

知识点滴

　　圆周率在生产实践中应用非常广泛，在科学不很发达的古代，计算圆周率是一件相当复杂和困难的工作。因此，圆周率的理论和计算在一定程度上反映了一个国家的数学水平。

　　祖冲之算得小数点后7位准确的圆周率，正是标志着我国古代高度发展的数学水平。

　　祖冲之的圆周率精确值在当时世界遥遥领先，直至1000年后阿拉伯数学家阿尔卡西才超过他。所以，国际上曾提议将"圆周率"定名为"祖率"，以纪念祖冲之的杰出贡献。

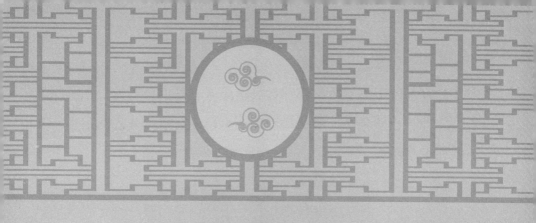

创建天元术与四元术

天元术和四元术是我国古代求解高次方程的方法。天元术是列方程的方法，四元术是高次方程组的解法。13世纪，高次方程的数值解法是数学难题之一。当时许多数学家都致力于这个问题。

在我国古代，解方程叫作"开方术"。宋元时，开方术已经发展到历史的新阶段，已经达到了当时的世界先进水平。

我国古代历史悠久，特别是数学成就更是十分辉煌，在民间流传着许多趣味数学题，一般都是以朗朗上口的诗歌形式表达出来。其中就有许多方程题。比如有一首诗问周瑜的年龄：

大江东去浪淘尽，千古风流数人物。

而立之年督东吴，早逝英年两位数。

十比个位正小三，个位六倍与寿符。

哪位学子算得快，多少年华属周瑜？

依题意得周瑜的年龄是两位数，而且个位数字比十位数字大3，若设十位数字为x，则个位数字为$(x+3)$，由"个位6倍与寿符"可列方程得：$6(x+3)=10x+(x+3)$，解得$x=3$，所以周瑜的年龄为36岁。这些古代方程题非常有趣，普及了数学知识，激发了人们的数学思维。

在古代数学中，列方程和解方程是相互联系的两个重要问题。宋代以前，数学家要列出一个方程，如唐代著名数学家王孝通撰写的《缉古算经》，首次提出三次方程式正根的解法，能解决工程建设中上下宽狭不一的计算问题，是对我国古代数学理论的卓越贡献，比阿拉伯人早300多年，比欧洲早600多年。

随着宋代数学研究的发展，解方程有了完善的方法，这就直接促进了对于列方程方法的研究，于是出现了我国数学的又一项杰出创造——天元术。

据史籍记载，金元之际已有一批有关天元术的著作，尤其是数学家李冶和朱世杰的著作中，都对天元术作了清楚的阐述。

李冶在数学专著《测圆海镜》中通过勾股容圆问题全面地论述了设立未知数和列方程的步骤、技巧、运算法则，以及文字符号表示法等，使天元术发展到相当成熟的新阶段。

《益古演段》则是李冶为天元术初学者所写的一部简明易晓的入门书。他还著有《敬斋古今黈》、《敬斋文集》、《壁书丛削》、《泛说》等，前一种今有辑本12卷，后3种已失传。

朱世杰所著《算学启蒙》，内容包括常用数据、度量衡和田亩面积单位的换算、筹算四则运

算法则、筹算简法、分数、比例、面积、体积、盈不足术、高阶等差级数求和、数字方程解法、线性方程组解法、天元术等，是一部较全面的数学启蒙书籍。

朱世杰的代表作《四元玉鉴》记载了他所创造的高次方程组的建立与求解方法，以及他在高阶等差级数求和、高阶内插法等方面的重要成就。

除李冶、朱世杰外，元代色目人学者赡思《河防通议》中也有天元术在水利工程方面的应用。

天元术是利用未知数列方程的一般方法，与现在代数学中列方程

的方法基本一致，但写法不同。它首先要"立天元一为某某"，相当于"设x为某某"，再根据问题给出的条件列出两个相等的代数式。然后，通过类似合并同类项的过程，得出一个一端为零的方程。

天元术的出现，提供了列方程的统一方法，其步骤要比阿拉伯数学家的代数学进步得多。而在欧洲，则是至16世纪才做到这一点。

继天元术之后，数学家又很快把这种方法推广到多元高次方程组，最后又由朱世杰创立了四元术。

自从《九章算术》提出了多元一次联立方程后，多少世纪没有显著的进步。

在列方程方面，蒋周的演段法为天元术做了准备工作，他已经具有寻找等值多项式的思想；洞渊马与信道是天元术的先驱，但他们推导方程仍受几何思维的束缚；李冶基本上摆脱了这种束缚，总结出一套固定的天元术程序，使天元术进入成熟阶段。

在解方程方面，贾宪给出增乘开方法，刘益则用正负开方术求出四次方程正根，秦九韶在此基础上解决了高次方程的数值解法问题。

至此，一元高次方程的建立和求解都已实现。

线性方程组古已有之，所以具备了多元高次方程组产生的条件。李德载的二元术和刘大鉴的三元术相继出现，朱世杰集前人研究之大成，对二元术、三元术总结与提高，把"天元术"发展为"四元术"，建立了四元高次方程组理论。

元代杰出数学家朱世杰的《四元玉鉴》举例说明了一元方程、二元方程、三元方程、四元方程的布列方法和解法。其中有的例题相当复杂，数字惊人的庞大，不但过去从未有过，就是今天也很少见。可见朱世杰已经非常熟练地掌握了多元高次方程组的解法。

"四元术"是多元高次方程组的建立和求解方法。用四元术解方程组，是将方程组的各项系数摆成一个方阵。

其中常数项右侧仍记一"太"字，4个未知数一次项的系数分置于常数项的上下左右，高次项系数则按幂次逐一向外扩展，各行列交叉处分别表示相应未知数各次幂的乘积。

解这个用方阵表示的方程组时，要运用消元法，经过方程变换，逐步化成一个一元高次方程，再用增乘开方法求出正根。

从四元术的表示法来看，这种方阵形式不仅运算繁难，而且难以表示含有4个以上未知数的方程组，带有很大的局限性。

我国代数学在四元术时期发展至巅峰，如果要再前进一步，那就需要另辟蹊径了。后来，清代的代数学进展是通过汪莱等人对于方程理论的深入研究和引进西方数学这两条途径来实现的。

知识点滴

元代数学家朱世杰建立了四元高次方程组解法"四元术"，居于世界领先水平。在外国，多元方程组虽然也偶然在古代的民族中出现过，但较系统地研究却迟至16世纪。

1559年法国人彪特才开始用A、B、C等来表示不同的未知数。过去不同未知数用同一符号来表示，以致含混不清。正式讨论多元高次方程组已到18世纪，由探究高次代数曲线的交点个数而引起。

1100年法国人培祖提出用消去法的解法，这已在朱世杰之后四五百年了。

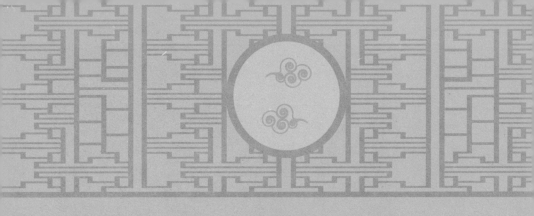

创建垛积术与招差术

垛积术源于北宋科学家沈括首创的"隙积术"，用来研究某种物品按一定规律堆积起来求其总数问题，即高阶等差级数的研究。后世数学家丰富和发展了这一成果。

宋元时期，天文学与数学的关系进一步密切了。招差术的创立、发展和应用，是我国古代数学史和天文学史上具有世界意义的重大成就。

北宋真宗时，有一年皇宫失火，很多建筑被烧毁，修复工作需要大量土方。当时因城外取土太远，遂采用沈括的方案：

就近在大街取土，将大街挖成巨堑，然后引汴水入堑成河，使运料的船只可以沿河直抵宫门。竣工后，将废料充塞巨堑复为大街。

沈括提出的方案，一举解决了取土、运料、废料处理问题。此外，沈括还有"因粮于敌"、"高超合龙"，"引水补堤"等，也都是使用运筹学思想的例子。

沈括是北宋时期的大科学家，博学多识，在天文、方志、律历、音乐、医药、卜算等方面皆有所论著。沈括注意数学的应用，把它应用于天文、历法、工程、军事等领域，得出许多重要的成果。

沈括的数学成就主要是提出了隙积术、测算、度量、运粮对策等。其中的"隙积术"是高阶等差级数求和的一种方法，为后来南宋杨辉的"垛积术"、元代郭守敬和朱世杰的"招差术"开辟了道路。

垛积，即堆垛求积的意思。由于许多堆垛现象呈高阶等差数列，因此垛积术在我国古代数学中就成了专门研究高阶等差数列求和的方法。

沈括在《梦溪笔谈》中说：算术中求各种几何体积的方法，例如长方棱台、两底面为直角三角形的正柱体、三角锥体、四棱锥等都已具备，唯独没有隙积这种算法。

所谓隙积，就是有空隙的堆垛体，像垒起来的棋子，以及酒店里叠置的酒坛一类的东西。它们的形状虽像覆斗，4个测面也都是斜的，但由于内部有内隙之处，如果用长方棱台方法来计算，得出的结果往往比实际为少。

沈括所言把隙积与体积之间的关系讲得一清二楚。同样是求积，

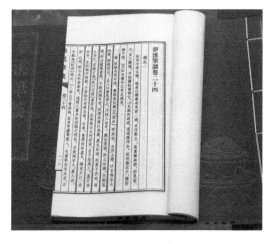

但"隙积"是内部有空隙的，像垒棋，层层堆积坛罐一样。

而酒家积坛之类的隙积问题，不能套用长方棱台体积公式。但也不是不可类比，有空隙的堆垛体毕竟很像长方棱台，因此在算法上应该有一些联系。

沈括是用什么方法求得这一正确公式的，《梦溪笔谈》没有详细说明。现有多种猜测，有人认为是对不同长、宽、高的垛积进行多次实验，用归纳方法得出的；还有人认为可能是用"损广补狭"办法，割补几何体得出的。

沈括所创造的将级数与体积比类，从而求和的方法，为后人研究级数求和问题提供了一条思路。首先是南宋末年的数学家杨辉在这条思路中获得了成就。

杨辉在《详解九章算术算法》和《算法通变本末》中，丰富和发展了沈括的隙积术成果，还提出了新的垛积公式。

沈括、杨辉等所讨论的级数与一般等差级数不同，前后两项之差并不相等，但是逐项差数之差或者高次差相等。对这类高阶等差级数的研究，在杨辉之后一般称为"垛积术"。

元代数学家朱世杰在其所著的《四元玉鉴》一书中，把沈括、杨辉在高阶等差级数求和方面的工作向前推进了一步。

朱世杰对于垛积术做了进一步的研究，并得到一系列重要的高阶等差级数求和公式，这是元代数学的又一项突出成就。他还研究了更复杂的垛积公式及其在各种问题中的实际应用。

对于一般等差数列和等比数列，我国古代很早就有了初步的研究成果。总结和归纳出这些公式并不是一件轻而易举的事情，是有相当难度的。上述沈括、杨辉、朱世杰等人的研究工作，为此作出了突出的贡献。

"招差术"也是我国古代数学领域的一项重要成就，曾被大科学家牛顿加以利用，在世界上产生了深远影响。

我国古代天文学中早已应用了一次内插法，隋唐时期又创立了等间距和不等间距二次内插法，用以计算日、月、五星的视行度数。这项工作首先是由刘焯开始的。

刘焯是隋代经学家、天文学家。他的门生弟子很多，成名的也不少，其中衡水县的孔颖达和盖文达，就是他的得意门生，后来成为唐代初期的经学大师。

隋炀帝即位，刘焯任太学博士。当时，历法多存谬误，他呕心沥血制成《皇极历》，首次考虑到太阳视运动的不均性，创立"等间距二次内插法公式"来计算运行速度。

《皇极历》在推算日行盈缩，黄道月道损益，日、月食的多少及出现的地点和时间等方面，都比以前诸历精密得多。

由于太阳的视运动对时间来讲并不是一个二次函数，因此即使用不等

间距的二次内插公式也不能精确地推算太阳和月球运行的速度等。因此，刘焯的内插法有待于进一步研究。

宋元时期，天文学与数学的关系进一步密切了，许多重要的数学方法，如高次方程的数值解法，以及高次等差数列求和方法等，都被天文学所吸收，成为制定新历法的重要工具。元代的《授时历》就是一个典型。

《授时历》是由元代天文学家兼数学家郭守敬为主集体编写的一部先进的历法著作。其先进的成就之一，就是其中应用了招差术。

郭守敬创立了相当于球面三角公式的算法，用于计算天体的黄道坐标和赤道坐标及其相互换算，废除了历代编算历法中的分数计算，采用百位进制，使运算过程大为简化。

知识点滴

有一天，风景秀丽的扬州瘦西湖畔，来了一位教书先生，在寓所门前挂起一块招牌，上面用大字写着："燕山朱松庭先生，专门教授四元术。"朱世杰号松庭。一时间，求知者便络绎不绝。

朱世杰曾路见不平，挺身而出，救下一个被妓院的鸨母追打的卖身女。后来在他的精心教导下，苦命的姑娘颇懂些数学知识，成了朱世杰的得力助手，两人结成夫妻。

此事至今还在扬州民间流传："元代朱汉卿，教书又育人。救人出苦海，婚姻大事成。"

数学名家

　　我国古代数学领域涌现了许多学科带头人，是他们让古典数学大放异彩。假如历史上没有人研究数学，就绝不会有《周髀算经》、《九章算术》等这样的书流传下来；没有数学家，周王开井田、秦始皇建陵墓等一样也做不成。

　　我国古代许多数学家曾写下了不少著名的数学著作，记载了他们在数学领域的发现和创建。许多具有世界意义的成就正是因为有了这些古算书而得以流传。这些古代数学名著是了解我国古代数学成就的宝库。

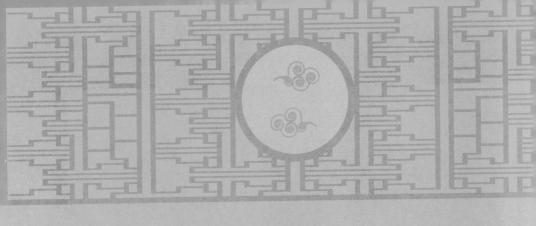

古典数学理论奠基者刘徽

刘徽是三国后期魏国人，是我国古代杰出的数学家，也是我国古典数学理论的奠基者之一。他的杰作《九章算术注》和《海岛算经》，是我国最宝贵的数学遗产。

刘徽的一生是为数学刻苦探求的一生。他不是沽名钓誉的庸人，而是学而不厌的伟人，他给我们中华民族留下了宝贵的精神财富。他在世界数学史上也有着崇高的地位。

魏晋时期杰出的数学家刘徽，曾经提出一个测量太阳高度的方案：

在洛阳城外的开阔地带，一南一北，各立一根8尺长的竿，在同一天的正午时刻测量太阳给这两根竿的投影，以影子长短的差当作分母，以竿的长乘以两竿之间的距离当作分子，两者相除，所得再加上竿的长，就得到了太阳到地表的垂直高度。

再以南边一竿的影长乘上两竿之间的距离作为分子，除以前述影长的差，所得就是南边一竿到太阳正下方的距离。

以这两个数字作为直角三角形两条直角边的边长，用勾股定理求直角三角形的弦长，所得就是太阳距观测者的实际距离。

刘徽的这个方案，运用了相似三角形相应线段的长对应成比例的原理，巧妙地用一个中介的三角形，将另外两个看似不相干的三角形联系在一起。

这一切，和我们今天在中学平面几何课本中学到的一模一样。如果我们把刘徽这道题里的太阳换成别的光源，把它设计成一道几何证明题兼计算题，放到今天的中学课本里，也是完全没有问题的。

刘徽的数学著作留传后世的很少，所留之作均为久经辗转传抄。他的主要著作有：《九章算术注》10卷；《重差》1卷，至唐代易名为《海岛算经》。

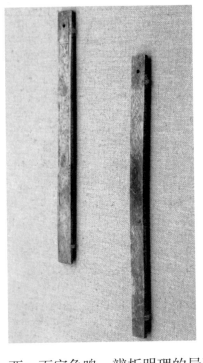

刘徽之所以能够写出《九章算术注》，这与他生活的时代大背景是有关系的。

汉代末期的动乱打破了西汉时期"罢黜百家，独尊儒术"这个儒家学说经学独断的局面，思想解放了。后来形成的三国鼎立局面，虽然是没有大统一，但是出现了短暂的相对的统一，促成了思想解放、学术争鸣的局面。

此外，东汉末年，佛教进入我国，道教开始兴起，而且儒道开始合流，有些人用道家的思想开始来解释儒家的东西。百家争鸣、辨析明理的局面，促进了当时国人的逻辑思维。

已经被废除或者停止好多年的逻辑问题，又提到了学术界。

因为数学是个逻辑过程，有逻辑推理、逻辑证明，没有这种东西做基础，那数学是不可想象的。科技的复苏和发展，就需要一些科学技术的东西，来推进生产力的发展。因此，刘徽的数学思想就在这样的背景下产生了。

事实上，他正是我国最早明确主张用逻辑推理的方式来论证数学命题的人。

从《九章算术》本身来看，它约成书于东汉初期，共有246个问题的解法。在许多方面：如解联立方程，分数四则运算，正负数运算，几何图形的体积面积计算等，都属于世界先进之列。

但因原书的解法比较原始，缺乏必要的证明，刘徽则作《九章算术注》，对其均作了补充证明。这些证明，显示了他在众多方面的创造性贡献。

《海岛算经》原为《九章算术注》第九卷勾股章内容的延续和发展，名为《九章重差图》，附于《九章算术注》之后作为第十章。唐代将其从中分离出来，单独成书，按第一题"今有望海岛"，取名为《海岛算经》，是《算经十书》之一。

《海岛算经》研究的对象全是有关高与距离的测量，所使用的工具也都是利用垂直关系所连接起来的测竿与横棒。

所有问题都是利用两次或多次测望所得的数据，来推算可望而不可即的目标的高、深、广、远。是我国最早的一部测量数学著作，也为地图学提供了数学基础。

《海岛算经》运用二次、三次、四次测望法，是测量学历史上领先的创造。刘徽的数学成就可以归纳为两个方面：一是清理我国古代数学体系并奠定了它的理论基础；二是在继承的基础上提出了自己的创见。

刘徽在古代数学体系方面的成就，集中体现在《九章算术注》

中。此作实际上已经形成为一个比较完整的理论体系。

在数系理论方面，刘徽用数的同类与异类阐述了通分、约分、四则运算，以及繁分数化简等的运算法则；在开方术的注释中，他从开方不尽的意义出发，论述了无理方根的存在，并引进了新数，创造了用十进分数无限逼近无理根的方法。

在筹式演算理论方面，刘徽先给率以比较明确的定义，又以遍乘、通约、齐同等基本运算为基础，建立了数与式运算的统一的理论基础。他还用"率"来定义我国古代数学中的"方程"，即现代数学中线性方程组的增广矩阵。

在勾股理论方面，刘徽逐一论证了有关勾股定理与解勾股形的计算原理，建立了相似勾股形理论，发展了勾股测量术，通过对"勾中容横"与"股中容直"之类的典型图形的论析，形成了我国特色的相似理论。

在面积与体积理论方面，刘徽用出入相补、以盈补虚的原理及"割圆术"的极限方法提出了刘徽原理，并解决了多种几何形、几何体的面积、体积计算问题。这些方面的理论价值至今仍闪烁着光辉。

刘徽在继承的基础上提出了自己的见解。这方面主要体现为以下几项有代表性的创见：

一是割圆术与圆周率。他在《九章算术·圆田术》注中，用割圆术证明了圆面积的精确公式，并给出了计算圆周率的科学方法。他首先从圆内接正六边形开始割圆，每次边数倍增，得到比以前更为准确的圆周率数值，被称为"徽率"。

二是刘徽原理。在《九章算术·阳马术》注中，他在用无限分割的方法解决锥体体积时，提出了关于多面体体积计算的刘徽原理。

三是"牟合方盖"说。在《九章算术》注中，他指出了球体积公式的不精确性，并引入了"牟合方盖"这一著名的几何模型。"牟合方盖"是指正方体的两个轴互相垂直的内切圆柱体的贯交部分。

四是方程新术。在《九章算术·方程术》注中，他提出了解线性方程组的新方法，运用了比率算法的思想。

五是重差术。在自撰《海岛算经》中，他提出了重差术，采用了重表、连索和累矩等测高测远方法。

刘徽不仅对我国古代数学的发展产生了深远影响，而且在世界数学史上也有着崇高的地位，他被称作"中国数学史上的牛顿"。

刘徽自幼学习《九章算术》，细心详览，长期钻研，感悟其中的阴阳割裂之道，追寻古代算术的历史根源，在探索奥秘的过程中，终于得其要领。因此，他才敢于发现和指出其中的不足之处，去其糟粕，取其精华，加上自己的研究成果和心得，为《九章算术》一书作注。

看来，刘徽学习数学几乎穷尽了毕生精力，所以才很有心得，最终成为我国古典数学理论的奠基人。

知识点滴

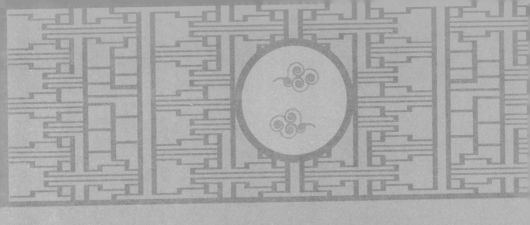

推算圆周率的先祖祖冲之

祖冲之是南北朝时期人，杰出的数学家、科学家。其主要贡献在数学、天文历法和机械3方面。此外，对音乐也有研究。他是历史上少有的博学多才的人物。

祖冲之在数学上的杰出成就，是关于圆周率的计算。他在前人成就的基础上，经过反复演算，求出了圆周率更为精确的数值，被外国数学史家称作"祖率"。

祖冲之的祖父祖昌，是个很有科学技术知识的人，曾在南朝宋的朝廷里担任过大匠卿，负责主持建筑工程。祖父经常给他讲一些科学家的故事，其中东汉时期大科学家张衡发明地动仪的故事深深打动了祖冲之幼小的心灵。

祖冲之常随祖父去建筑工地，晚上，就同农村小孩们一起乘凉、玩耍。天上星星闪烁，农村孩子们却能叫出星星的名称，如牛郎星、织女星以及北斗星等，此时，祖冲之觉得自己实在知道得太少。

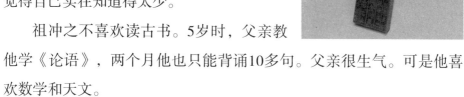

祖冲之不喜欢读古书。5岁时，父亲教他学《论语》，两个月他也只能背诵10多句。父亲很生气。可是他喜欢数学和天文。

一天晚上，他躺在床上想白天老师说的"圆周是直径的3倍"这话似乎不对。第二天早上，他就拿了一段妈妈做鞋子用的线绳，跑到村头的路旁等待过往的车辆。

一会儿，来了一辆马车，祖冲之叫住马车，对驾车的老人说："让我用绳子量量您的车轮，行吗？"

老人点点头。

祖冲之用绳子把车轮量了一下，又把绳子折成同样大小的3段，再去量车轮的直径。量来量去，他总觉得车轮的直径不是"圆周长的三分之一"。

祖冲之站在路旁，一连量了好几辆马车车轮的直径和周长，得出的结论是一样的。

这究竟是为什么呢？这个问题一直在他的脑海里萦绕。他决心要解开这个谜。随着年龄的增长，祖冲之的知识越来越丰富了。他开始研究刘徽的"割圆术"了。

祖冲之非常佩服刘徽的科学方法，但刘徽的圆周率只得到正九十六边形的结果后就没有再算下去，祖冲之决心按刘徽开创的路子继续走下去，一步一步地计算出正一百九十二边形、正三百八十四边形等，以求得更精确的结果。

当时，数字运算还没利用纸、笔和数码进行演算，而是通过纵横相间地罗列小木棍，然后按类似珠算的方法进行计算。

祖冲之在房间地板上画了个直径为一丈的大圆，又在里边做了个正六边形，然后摆开他自己做的许多小木棍开始计算起来。

此时，祖冲之的儿子祖暅已13岁了，他也帮着父亲一起工作，两人废寝忘食地计算了10多天才算到正九十六边形，结果比刘徽的少0.000002丈。

祖暅对父亲说："我们计算得很仔细，一定没错，可能是刘徽错了。"

祖冲之却摇摇头说："要推翻他一定要有科学根据。"于是，父子俩又花了十几天的时间重新计算了一遍，证明刘徽是对的。

祖冲之为避免再出误差，以后每一步都至少重复计算两遍，直至结果完全相同才罢休。

祖冲之从正一万二千二百八十八边形，算至正二万四千五百七十六边形，两者相差仅0.0000001。祖冲之知道从理论上讲，还可以继续算下去，但实际上无法计算了，只好就此停止，从而得出圆周率必然大于3.1415926而小于3.1415927这一结果。这个成绩，使他成为了当时世界上最早把圆周率数值推算到7位数字以上的科学家。直至1000多年后，德国数学家鄂图才得出相同的结果。

祖冲之能取得这样的成就，和当时的社会背景有关。他生活在南北朝时期的南朝宋。由于南朝时期社会比较安定，农业和手工业都有显著的进步，经济和文化得到了迅速发展，从而也推动了科学的前进。当时南朝时期出现了一些很有成就的科学家，祖冲之就是其中最杰出的人物之一。

祖冲之在数学方面的主要贡献是推算出更准确的圆周率的数值。圆周率的应用很广泛，尤其是在天文、历法方面，凡牵涉圆的一切问题，都要使用圆周率来推算。因此，如何正确地推求圆周率的数值，是世界数学史上的一个重要课题。

我国古代劳动人民在生产实践中求得的最早的圆周率值是"3"，

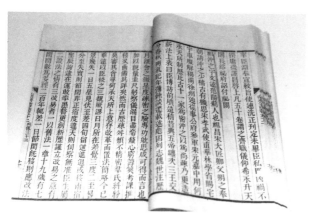

这当然很不精密，但一直被沿用至西汉时期。后来，随着天文、数学等科学的发展，研究圆周率的人越来越多了。

西汉末年的刘歆首先抛弃"3"这个不精

确的圆周率值，他曾经采用过的圆周率是3.547。东汉时期的张衡也算出圆周率为3.1622。

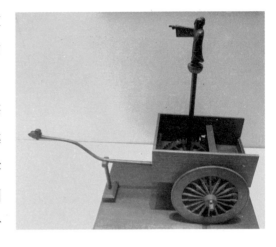

这些数值比起"3"当然有了很大的进步，但是还远远不够精密。至三国末期，数学家刘徽创造了用割圆术来求圆周率的方法，圆周率的研究才获得了重大的进展。

不过从当时的数学水平来看，除刘徽的割圆术外，还没有更好的方法。祖冲之把圆的内接正多边形的边数增多至二万四千五百七十六边形时，便恰好可以得出3.1415926<π<3.1415927的结果。

祖冲之还确定了圆周率的两个分数形式约率和密率的近似值。约率前人已经用到过，密率是祖冲之发现的。

密率是分子分母都在1000以内的分数形式的圆周率最佳近似值。用这两个近似值计算，可以满足一定精度的要求，并且非常简便。

祖冲之在圆周率方面的研究，有着积极的现实意义，适应了当时生产实践的需要。他亲自研究过度量衡，并用最新的圆周率成果修正古代的量器容积的计算。

古代有一种量器叫作"釜"，一般的是1尺深，外形呈圆柱状，那这种量器的容积有多大呢？要想求出这个数值，就要用到圆周率。

祖冲之利用他的研究，求出了精确的数值。他还重新计算了汉朝刘歆所造的"律嘉量"。这是另一种量器。由于刘歆所用的计算方法和圆周率数值都不够准确，所以他所得的容积值与实际数值有出入。

祖冲之找到他的错误所在，利用"祖率"校正了数值，为人们的日常生活提供了方便。以后，人们制造量器时就普遍采用了祖冲之的"祖率"数值。

祖冲之曾写过《缀术》5卷，汇集了祖冲之父子的数学研究成果，是一部内容极为精彩的数学书，备受人们重视。后来唐代的官办学校的算学科中规定：学员要学《缀术》4年；朝廷举行数学考试时，多从《缀术》中出题。

祖冲之在天文历法方面的成就，大都包含在他所编制的《大明历》中。这个历法代表了当时天文和历算方面的最高成就。

比如：首次把岁差引进历法，这是我国历法史上的重大进步；定一个回归年为365.24281481日；采用391年置144闰的新闰周，比以往历法采用的19年置7闰的闰周更加精密；精确测得交点月日数为27.21223日，使得准确的日、月食预报成为可能等。

在机械制造方面，祖冲之设计制造过水碓磨、铜制机件传动的指南车、千里船、定时器等。他不仅仅让失传已久的指南车原貌再现，也发明了能够日行千里的"千里船"，并制造出类似孔明的"木牛流马"运输工具。

祖冲之生平著作很多，内容也是多方面的。在数学方面著有《缀术》；天文历法方面有《大明历》及为此写的"驳议"；古代典籍的注释方面有《易义》、《老子义》、《庄子

义》、《释论语》、《释孝经》等；文学作品方面有《述异记》，此书在《太平御览》等书中可以看到这部著作的片断。

值得一提的是，祖冲之的儿子祖暅，也是一位数学家，他继承他父亲的研究，创立了球体体积的正确算法。他们当时采用的一条原理是：位于两平行平面之间的两个立体，被任一平行于这两平面的平面所截，如果两个截面的面积恒相等，则这两个立体的体积相等。

为了纪念祖氏父子发现这一原理的重大贡献，数学上也称这一原理为"祖暅原理"。祖暅原理也就是"等积原理"。

在天文方面，祖暅也能继承父业。他曾著《天文录》30卷，《天文录经要诀》1卷，可惜这些书都失传了。

祖冲之编制的《大明历》，梁武帝天监初年，祖暅又重新加以修订，才被正式采用。他还制造过记时用的漏壶记时很准确，并且写过一部《漏刻经》。

知识点滴

祖冲之曾经受命齐高帝萧道成仿制指南车。制成后，萧道成就派大臣王僧虔、刘休两人去试验，结果证明它的构造精巧，运转灵活，无论怎样转弯，木人的手常常指向南方。

当祖冲之制成指南车的时候，北朝时期有一个名叫索驭驎的来到南朝，自称也会制造指南车。于是萧道成也让他制成一辆，在皇宫里的乐游苑和祖冲之所制造的指南车比赛。

结果祖冲之所制的指南车运转自如，索驭驎所制的却很不灵活。索驭驎只得认输，并把自己制的指南车毁掉了。

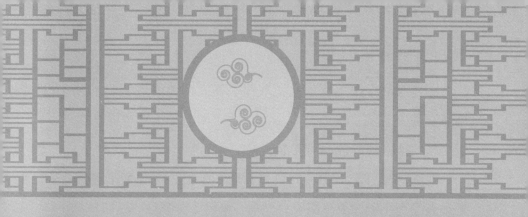

数学成就突出的秦九韶

  秦九韶是南宋时期官员、数学家，与李冶、杨辉、朱世杰并称"宋元数学四大家"。他精研星象、算术、营造之学，完成著作《数书九章》，取得了具有世界意义的重要贡献。

  秦九韶最重要的数学成就是"大衍总数术"，即一次同余组解法，还有"正负开方术"，即高次方程数值解法。

  秦九韶的成就代表了中世纪世界数学发展的主流与最高水平，在世界数学史上占有崇高的地位。

在楚汉战争中，有一次，刘邦手下大将韩信与楚王项羽手下大将李锋交战。苦战一场，楚军不敌，败退回营，汉军也死伤四五百人，于是韩信整顿兵马也返回大本营。

就在汉军行至一山坡时，忽有后军来报，说有楚军骑兵追来。只见远方尘土飞扬，杀声震天。汉军本来已十分疲惫，这时队伍大哗。

韩信兵马到坡顶，见来敌不足500骑，便急速点兵迎敌。他命令士兵3人一排，结果多出2名；接着命令士兵5人一排，结果多出3名；他又命令士兵7人一排，结果又多出2名。

韩信马上向将士们宣布：我军有1073名勇士，敌人不足500人，我们居高临下，以众击寡，一定能打败敌人。

汉军本来就信服自己的统帅，这一来更相信韩信是"神仙下凡"、"神机妙算"，于是士气大振。一时间旌旗摇动，鼓声喧天，汉军步步进逼，楚军乱作一团。

交战不久，楚军果然大败，落荒而逃。

在这个故事中，韩信能迅速算出有1073名勇士，其实是运用了一个数学原理。他3次排兵布阵，按照数学语言来说就是：一个数除以3余2，除以5余3，除以7余2，求这个数。

对于这类问题的有解条件和解的方法，是由宋代数学家秦九韶首先提出来的，被后世称为"中国剩余定理"。

秦九韶是一位非常聪明的人，处处留心，好学不倦。通过这一阶段的学习，他成为一位学识渊博、多才多艺的青年学者。时人说他"性极机巧，星象、音律、算术，以至营造等事，无不精究"，"游戏、毬、马、弓、剑，莫不能知"。

秦九韶考中进士以后，先后担任了县尉、通判、参议官、州守、同农、寺丞等官职。他在政务之余，对数学进行潜心钻研，并广泛收集历学、数学、星象、音律、营造等资料，进行分析、研究。

秦九韶在为母亲守孝时，把长期积累的数学知识和研究所得加以编辑，写成了闻名于世的巨著《数书九章》。全书共列算题81问，分为9类，每类9个问题，不但在数量上取胜，重要的是在质量上也是拔尖的。

《数书九章》的内容主要有：大衍类，包括一次同余式组解法；天时类，包括历法计算、降水量；田域类，包括土地面积；测望类，包括勾股、重差；赋役类，包括均输、税收；钱谷类，包括粮谷转运、仓窖容积；营建类，包括建筑、施工；军族类，包括营盘布置、军需供应；市物类，包括交易和利息。

《数书九章》系统地总结和发展了高次方程数值解法和一次同余组解法，提出了相当完备的"三斜求积术"和"大衍求一术"等，达到了当时世界数学的最高水平。

秦九韶的正负方术，列算式时，提出"商常为正，实常为负，从常为正，益常为负"的原则，纯用代数加法，给出统一的运算规律，并且扩充到任何高次方程中去。

秦九韶所论的"正负开方术"，被称为"秦九韶程序"。世界各国从小学、中学到大学的数学课程，几乎都接触到他的定理、定律和解题原则。

此项成果是中世纪世界数学的最高

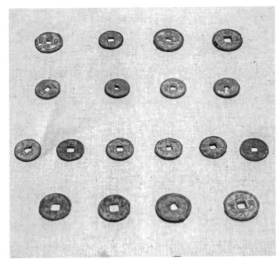

成就，比1819年英国人霍纳的同样解法早五六百年。

秦九韶还改进了一次方程组的解法，用互乘对减法消元，与现今的加减消元法完全一致；同时它又给出了筹算的草式，可使它扩充到一般线性方程中的解法。

在欧洲最早是1559年法国布丢给出的，比秦九韶晚了300多年。布丢用不很完整的加减消元法解一次方程组，而且理论上的完整性也逊于秦九韶。

我国古代求解一类大衍问题的方法。秦九韶对此类问题的解法作了系统的论述，并称之为"大衍求一术"，即现代数论中一次同余式组解法。

这一成就是中世纪世界数学的最高成就，比西方1801年著名数学家高斯建立的同余理论早500多年，被西方称为"中国剩余定理"。秦九韶不仅为中国赢得无上荣誉，也为世界数学作出了杰出贡献。

秦九韶还创用了"三斜求积术"等，给出了已知三角形三边求三角形面积公式。还给出一些经验常数，如筑土问题中的"坚三穿四壤五，粟率五十，墙法半之"等，即使对现在仍有现实意义。

秦九韶还在"推计互易"中给出了配分比例和连锁比例的混合命题的巧妙且一般的运算方法，至今仍有意义。

《数书九章》是对我国古典数学奠基之作《九章算术》的继承和发展，概括了宋元时期我国传统数学的主要成就，标志着我国古代数学的高峰。其中的"正负开方术"和"大衍求一术"长期以来影响着我国数学的研究方向。

秦九韶的成就代表了中世纪世界数学发展的主流与最高水平，在世界数学史上占有崇高的地位。

德国著名数学史家、集合论的创始人格奥尔格·康托尔高度评价了"大衍求一术"，他称赞发现这一算法的中国数学家秦九韶是"最幸运的天才"。美国著名科学史家萨顿说道：

> 秦九韶是他那个民族，他那个时代，并且确实也是所有时代最伟大的数学家之一。

秦九韶，中华民族的骄傲！

知识点滴

秦九韶自幼生活在家乡，18岁时曾"在乡里为义兵首"，后随父亲移居京部。其父任职工部郎中和秘书少监期间，正是他努力学习和积累知识的时候。

秦九韶在京部阅读了大量典籍，并拜访天文历法和建筑等方面的专家，请教天文历法和土木工程问题，甚至可以深入工地，了解施工情况。他还曾向隐士学习数学，又向著名词人李刘学习骈俪诗词，达到较高水平。

这些知识的积累，为他后来著作《数书九章》显然是大有裨益的，以至于终成数学大家。

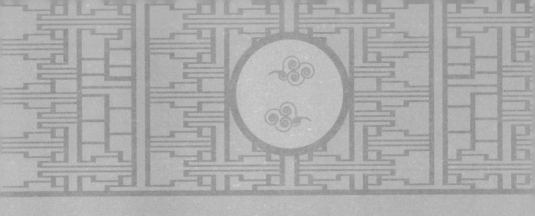

贯通古今的数学家朱世杰

朱世杰是元代数学家、教育家，毕生从事数学教育。有"中世纪世界最伟大的数学家"、"贯穿古今的一位最杰出的数学家"之誉。与秦九韶、杨辉、李冶并称为"宋元数学四大家"。

朱世杰的著作《算学启蒙》是一部通俗数学名著，曾流传海外，影响了朝鲜、日本数学的发展。《四元玉鉴》则是我国宋元时期数学高峰的又一个标志，其中最杰出的数学创作有"四元术"、"垛积法"与"招差术"。

朱世杰的青少年时代，大约相当于蒙古灭金之后。元统一全国后，朱世杰曾以数学家的身份周游各地20余年，向他求学的人很多。他到广陵时，史载"踵门而学者云集"。

就当时的数学发展情况而论，在河北南部和山西南部地区，出现了一个以"天元术"为代表的数学研究中心。

当时的北方，正处于天元术逐渐发展成为二元、三元术的重要时期，朱世杰较好地继承了当时北方数学的主要成就，他把"天元术"这一成就拓展为"四元术"。

朱世杰除继承和发展了北方的数学成就之外，还吸收了当时南方的数学成就，比如各种日用、商用数学和口诀、歌诀等。

朱世杰在经过长期游学、讲学之后，全面继承了前人数学成果，既吸收了北方的天元术，又吸收了南方的正负开方术及通俗歌诀等，在此基础上进行了创造性的研究，写成以总结和普及当时各种数学知识为宗旨的《算学启蒙》，又写成四元术的代表作《四元玉鉴》，先后于1299年和1303年刊印。

《算学启蒙》全书共3卷，20门，总计259个问题和相应的解答。这部书从乘除运算起，一直讲至当时数学发展的最高成就"天元术"，全面介绍了当时数学所包含的各方面内容。

卷上共分为8门，收有数学问题113个。其内容为：乘数为一位数的乘法、乘数首位数为一的乘法、多位数乘法、首位除数为一的除法、多位除数的除法、各种比例问题如计算利息、税收等。

其中"库司解税门"第七问题记有"今有税务法则三十贯纳税一贯"，同门第十、第十一两问中均载有"两务税"等，都是当时实际施行的税制。

朱世杰在书中的自注中也常写有"而今有之"、"而今市舶司有之"等，可见书中的各种数据大都来自当时的社会实际。因此，书中提到的物价包括地价、水稻单位面积产量等，对了解元代社会的经济情况也是有用的。

卷中共7门，71问。内容有各种田亩面积、仓窖容积、工程土方、复杂的比例计算等。

卷下共5门，75问。内容包括各种分数计算、垛积问题、盈不足算法、一次方程解法、天元术等。

其中的主要贡献是创造了一套完整的消未知数方法，称为"四元消法"。这种方法在世界上长期处于领先地位，直至18世纪，法国数学家贝祖提出一般的高次方程组解法，才与朱世杰一争高下。

《算学启蒙》体系完整，内容深入浅出，通俗易懂，是一部很著名的启蒙读物。这部著作后来流传到朝鲜、日本等国，出版过翻刻本和注释本，

产生过一定的影响。

《四元玉鉴》全书共3卷，24门，288问。书中所有问题都与求解方程或求解方程组有关。

比如，四元的问题有7问，三元者13问，二元者36问，一元者232问。可见，多元高次方程组的解法即"四元术"是《四元玉鉴》的主要内容，也是全书的主要成就。

《四元玉鉴》中的另一项突出的成就是关于高阶等差级数的求和问题。在此基础上，朱世杰还进一步解决了高次差的招差法问题。这是他在"垛积术"、"招差术"等方面的研究和成果。

这些成果是我国宋元数学高峰的又一个标志。其中讨论了多达四元的高次联立方程组解法，联系在一起的多项式的表达和运算以及消去法，已接近近世代数学，处于世界领先地位，比西方早400年。

《四元玉鉴》是一部成就辉煌的数学名著，受到近代数学史研究者的高度评价。美国著名的科学史家萨顿称赞说道：

是中国数学著作中最重要的一部，同时也是中世纪的杰出数学著作之一。

他还评论说：

　　朱世杰是他所生存时代的，同时也是贯穿古今的一位最杰出的数学家。

如此之高的评价，朱世杰和他的著作都是当之无愧的。

朱世杰不仅是一名杰出的数学家，他还是一位数学教育家。他曾周游四方各地，并亲自编著数学入门书《算学启蒙》。在《算学启蒙》卷下中，朱世杰提出已知勾弦和、股弦和求解勾股形的方法，补充了《九章算术》的不足。

总之，朱世杰在数学科学上，全面地继承了秦九韶、李冶、杨辉的数学成就，并给予创造性的发展，写出了《算学启蒙》、《四元玉鉴》等著名作品，把我国古代数学推向了更高的境界。

知识点滴

《算学启蒙》出版后不久即流传至朝鲜和日本。在朝鲜的李朝时期，《算学启蒙》和《详明算法》、《杨辉算法》一道被作为李朝时期选仕的基本书籍。

《算学启蒙》传入日本的时间也已不可考，日本后西天皇时在京都的一个寺院中发现了这部书，之后进行了几次翻刻，对日本和算的发展有较大的影响。

《四元玉鉴》一书的流传也曾几经波折。日本数学史家三上义夫在其所著《中日数学之发展》一书中将《四元玉鉴》介绍至国外。

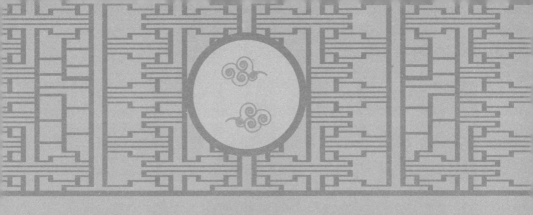

学贯中西的数学家李善兰

　　李善兰是近代著名的数学家、天文学家、力学家和植物学家。他为了使先进的西方近代科学能在我国早日传播，不遗余力，克服了重重困难，学贯中西，作出了很大贡献。其多部译作弥补了我国数学在某方面的空白。

　　李善兰创立了二次平方根的幂级数展开式，各种三角函数、反三角函数和对数函数的幂级数展开式。

　　这是李善兰也是我国19世纪数学界取得的最重大的成就。李善兰是继梅文鼎之后清代数学史上的又一杰出代表。

李善兰从小就喜欢数学，而且勤于思考，常把身边的事物和数学联系起来。

有一天，李善兰随父亲到海宁城里一位大绅士家做客，看到墙上挂着一幅《百鸟归巢》图，画家是当时很有名的花鸟画高手，在他生花妙笔的点染下，使看画的人仿佛闻到了花香、听到了鸟的叫声。

画的右上角还有一首题画诗，上面写道："一只过了又一只，3、4、5、6、7、8只。凤凰何少雀何多，啄尽人间千万石。"

李善兰看到这幅画后，心中也顿然一动。题目是《百鸟归巢》，可全诗却没有百字，只有这几个数字，好像是题诗人的有意安排，但究竟有什么深藏的机密呢？他看着这些数字想了又想，当时他也没有想明白。

回到家中，他还在心里琢磨，当他看到书架上的数学书箱时，他恍然大悟，原来这是一道数学题。他在纸上写下了这样几个数：1、

1、3、4、5、6、7、8，怎样能使它们和百鸟联系在一起呢？

就在他拿来书架上的数学书翻开的时候，在脑子里突然涌现出了几个算式：$1 \times 2 = 2$；$3 \times 4 = 12$；$5 \times 6 = 30$；$7 \times 8 = 56$；$2 + 12 + 30 + 56 = 100$。

这不正对应着《百鸟归巢》的"百"吗？而最后的两句诗是讽刺官员欺压百姓，就像鸦雀一样，把老百姓成千上万的粮食侵占了。

这真是一幅绝妙的画！看来，画家也有很深的数学造诣。

李善兰自幼就读于私塾，受到了良好的家庭教育。他资禀颖异，勤奋好学，于所读之诗书，过目即能成诵。有一次，他发现父亲的书架上有一本我国古代数学名著《九章算术》，感到十分新奇有趣，从此迷上了数学。

14岁时，李善兰又靠自学读懂了欧几里得《几何原本》前6卷，这是明末徐光启与利玛窦合译的古希腊数学名著。欧氏几何严密的逻辑体系，清晰的数学推理，与偏重实用解法和计算技巧的我国古代传统数学思路迥异，自有它的特色和长处。

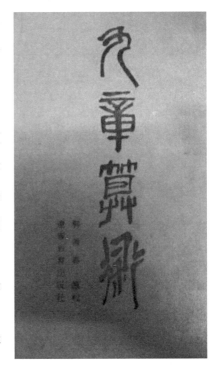

李善兰在《九章算术》的基础上，又吸取了《几何原木》的新思想，这使他的数学造诣日趋精深。后来，又研读了金元时期的数学家李冶的《测圆海镜》，清代末期数学家戴煦的《勾股割圆记》等书，所学渐深。

1852年，李善兰离家来到上海的墨海书馆。

墨海书馆是1843年为翻译西方书籍

由英国传教士麦都思开设的，它也是西方传教士与我国知识分子联系的一条渠道。李善兰在那里结识了英国传教士伟烈亚力和艾约瑟。

当时墨海书馆正在物色能与传教士协作翻译的外语人才。

李善兰的到来使他们十分高兴，但又不甚放心，于是，他们拿出西方最艰深的算题来考李善兰，结果都被李善兰一一作了解答，得到传教士们的赞赏。从此以后，李善兰开始了译著西方科学著作的生涯。

李善兰翻译的第一部著作是《几何原本》后9卷，由于他不通外文，因此不得不依靠传教士们的帮助。

《几何原本》的整个翻译工作都是由伟烈亚力口述，由李善兰笔录的。

其实这并非容易，因为西方的数学思想与我国传统的数学思想很不一致，表达方式也大相径庭。

虽然说是笔录，但在实际上却是对伟烈亚力口述的再翻译。就如伟烈亚力所说，正是由于李善兰"精于数学"，才能对书中的意思表达得明白无误，恰到好处。

这本书的翻译前后历经4年才告成功。

在译《几何原本》的同时，李善兰又与艾约瑟一起译出了《重学》20卷。这是我国近代科学史上第一部力学专著，在当时产生了很大的影响。

1859年，李善兰又译出两部很有影响的数学著作《代数学》13卷和《代微积拾级》18卷。前者是我国第一部以代数命名的符号代数学，后者则是我国第一部解析几何和微积分著作。

这两部书的译出，不仅向我国数学界介绍了西方符号代数、解析几何和微积分的基本内容，而且在我国的数学领域中创立起许多新的概念、新的名词、新的符号。

这些新东西虽然引自于西方原本，但以中文名词的形式出现却离不开李善兰的创造，其中的代数学、系数、根、多项式、方程式、函数、微分、积分、级数、切线、法线、渐近线等，都沿用至今。

这些汉译数学名词可以做到顾名思义。李善兰在解释"函数"一词时说，"凡此变数中函彼变数，则此为彼之函数。"这里，"函"是含有的意思，它与函数概念着重变量之间的关系的意思是十分相近

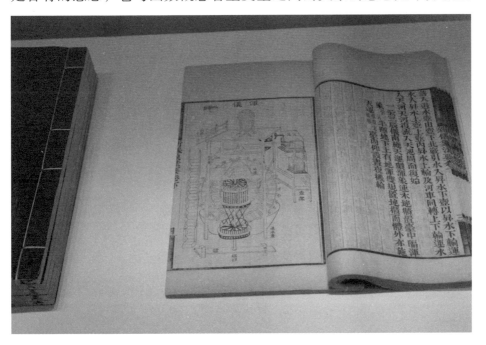

的。许多译名后来也为日本所采用，并沿用至今。

在《代微积拾级》中附有第一张英汉数学名词对照表，其中收词330个，有相当一部分名词已为现代数学所接受，有些则略有改变，也有些已被淘汰。

除了译名外，在算式和符号方面李善兰也做了许多创造和转引工作。比如从西文书中引用了×、÷、＝等符号。

李善兰除了与伟烈亚力合译了《几何原本》、《代数学》和《代微积拾级》外，还与艾约瑟合译了《圆锥曲线论》3卷。这4部译著虽说与当时欧洲数学已有很大差距，但作为高等数学在我国引入还是第一次，它标志着近代数学已经在我国出现。

就具体数学内容来说，它们包括了虚数概念、多项式理论、方程论、解析几何、圆锥曲线论、微分学、积分学、级数论等，所有的内容都是基本的和初步的，然而，它对我国数学来说却是崭新的。有了这个起点，我国数学也就可以逐步走向世界数学之林。

1858年，李善兰又向墨海书馆提议翻译英国天文学家约翰·赫舍尔的《天文学纲要》和牛顿的《自然哲学数学原理》。此外又与英国人韦廉臣合译了林耐的《植物学》8卷。

在1852年至1859年的七八年间，李善兰译成著作七八种，共约七八十万字。其中不仅有他擅长的数学和天文学，还有他所生疏的力学和植物学。

在介绍西学方面，这里值得一提的是，在李善兰之后，清代末期数学家、翻译家和教育家华蘅芳做了积极的翻译工作。

华蘅芳先与美国玛高温合译了《金石识别》、《地学浅释》、《防海新论》和《御风要术》等矿物学、地学、气象学方面的书共5种；又与

英国人傅兰雅合译了《代数术》、《微积溯源》、《决疑数学》、《三角数理》、《三角难题解法》、《算式解法》6种，另有未刊行的译著4种，进一步介绍近代西方的代数学、三角学、微积分学和概率论。

这些译著都成为我国学者了解和学习西方数学的主要来源。其中的《决疑数学》具有突出地位，是第一部在我国编译的概率论专著。

李善兰在数学研究方面的成就，主要有尖锥术、垛积术和素数论3项。尖锥术理论主要见于《方圆阐幽》、《弧矢启秘》、《对数探源》3部著作，成书年代约1845年，当时解析几何与微积分学尚未传入我国。

李善兰的著作将近代数学思想运用于解决我国传统课题之中，取得了出色的成就。

李善兰创立的"尖锥"概念，是一种处理代数问题的几何模型，他对"尖锥曲线"的描述实质上相当于给出了直线、抛物线、立方抛物线等方程。

他创造的"尖锥求积术"，相当于幂函数的定积分公式和逐项积分法则。他用"分离元数法"独立地得出了二项式平方根的幂级数展开式结合"尖锥求积术"，得到了圆周率的无穷级数表达式。

垛积术理论主要见于《垛积比类》，这是有关高阶等差级数的著作，是早期组合论的杰作。李善兰从研究我国传统的垛积问题入手，获得了一些相当于现代组合数学中的成果,创立了驰名中外的"李善兰恒等式"。

素数论主要见于《考数根法》,这是我国素数论方面最早的著作。在判别一个自然数是否为素数时,李善兰证明了著名的费马素数定理,并指出了它的逆定理不真。

李善兰是继梅文鼎之后清代数学史上的又一杰出代表。李善兰还是一位翻译家,他一生翻译西方科技书籍甚多,将近代科学最主要的几门知识从天文学到植物细胞学的最新成果介绍传入我国,对促进近代科学的发展作出了卓越的贡献。

知识点滴

李善兰在故里时,曾与蒋仁荣、崔德华等亲朋好友组织"鸳湖吟社",常游"东山别墅",分韵唱和,当时曾利用相似勾股形对应边成比例的原理测算过东山的高度。他的经学老师陈奂在《师友渊源记》中说他"孰习九数之术,常立表线,用长短式依节候以测日景,便易稽考"。

明清之际诗人余楙在《白岳庵诗话》中说他"夜尝露坐山顶,以测象纬躔次"。至今李善兰的家乡还流传着他在新婚之夜探头于阁楼窗外观测星宿的故事。

CONTENTS

CONTENTS

丁公藤（祛风湿，抗炎镇痛）

科别：旋花科（Convolvulaceae）

学名：*Erycibe henryi* Prain

英名：Stem of obtuseleaf erycibe

别名：大铁牛入石、大铁牛、包公藤、麻辣仔藤、斑鱼烈、伊立基藤、花藤。

原 产 地：中国广东、海南、广西、云南；越南北部。

分　　布：生于山地丛林中，常攀援于树上。分布于中国沿海以及台湾。

形态特征：常绿大藤本植物。茎粗壮。单叶互生，叶柄长 1 厘米左右，全缘，卵状椭圆形，无毛，长 5.5 ~ 12 厘米，宽 2 ~ 5 厘米，具柄，基部锐形或钝圆形，上端短尖椎背微弯，革质，叶面及背面光滑无毛。圆锥花序，腋生或叶腋，花冠白色、钟形，长 1 厘米，5 深裂。浆果长椭圆形，长约 1.4 厘米，熟时黑色。

采 收 期：全年采挖根、茎，洗净，切片，隔水蒸 4 小时，晒干备用。台湾称之大铁牛入石。

药用部分：根或粗茎。

性味归经：味苦、辛，性凉（辛、温），有毒；入肝、肾经。

功　　效：祛风止痛、舒筋活络、利湿消肿。

主　　治：风湿关节炎、跌打损伤、类风湿关节炎、坐骨神经痛、痈疮肿毒、青光眼。

用　　量：炮制后用 1 ~ 2 钱，切勿过量，慎用。

用　　法：水服煎。

注：洗净切片后，浸泡第二次洗米水 8 小时，再隔水蒸 4 小时晒干即可。

！ 使用注意

本品有毒，使用前先加以炮制后再使用。本品有强烈发汗作用，若用量不慎过多导致中毒，会出现汗出不止、四肢麻痹等症状。孕妇忌服。

 急救法：绿豆 4 两、甘草 1 两、红糖（或蜂蜜）适量，共煎水服。

青草组成应用

风湿痛、筋骨酸痛	**青草组成：** 丁公藤入石2钱、风不动5钱、楂梧叶1两、穿山龙5钱、小本山葡萄1两、双面刺3钱、苦蓝盘1两、猪排骨5两。 **用法：** 水3碗、酒3碗，加猪排骨，炖烂，分两次服。
跌打伤、膏肓痛	**青草组成：** 丁公藤2钱（炮制）、鸟不踏2两、钱雨伞5钱、穿山龙5钱、黄金桂8钱、猪排骨5两。 **用法：** 水3碗、酒3碗，加至猪排骨，炖烂，分两次服。
郁伤、中气不顺	**青草组成：** 丁公藤2钱、黄花蜜菜1两、万点金1两、黄金桂5钱、甜珠仔草1两、猪瘦肉5两。 **用法：** 水6碗煎1碗半，加米酒半碗，炖猪瘦肉，分两次服。
跌打积伤	**青草组成：** 丁公藤2钱（炮制）、龙葵根8钱、王不留行3钱、万点金1两、红骨九层塔根1两、黄金桂5钱。 **用法：** 半酒水煎服。

丁公藤的茎含莨菪品碱、丁公藤甲素以及东莨菪内酯等成分。

丁公藤

七叶一枝花 （清热解毒，消肿散瘀，平喘止咳）

科别：百合科（Liliaceae）

学名：*Paris polyphylla* smith

英名：One flower with sevenleaves，Leafy paris，Chinese paris rhizome

别名：蚤休、七叶莲、重楼、草河车、重台、重楼金线、灯台七、铁灯台、白河车、枝花头、海螺七、螺丝七、三层草。

原 产 地：不丹、越南、锡金、尼泊尔；福建、陕西、四川。

分　　布：生于山坡林下荫处或沟边的草丛阴湿处。主产于广东、广西、江西、福建、陕西、四川等地。

形态特征：多年生草本植物。株高 30 ~ 100 厘米。茎单一直立，紫色，根茎横卧，粉质，肥大。叶轮生，5 至 10 片轮生于茎顶，小叶呈长圆状披针形、倒卵状披针形或倒披针形，长 7 ~ 17 厘米，宽 2.5 ~ 5 厘米。夏、秋间花梗从茎顶抽出，通常比叶长，顶生一花，萼片 4 ~ 6 枚，呈叶状，绿色，长 3 ~ 7 厘米；花被细线形，黄色或黄绿色，宽 0.1 ~ 0.15 厘米，长为萼片的 1/3 至近等长；雄蕊 8 ~ 12 枚，花药长 1.2 ~ 2 厘米。蒴果球形。花期 3 ~ 5 月，果期 9 ~ 12 月。

◎种子

采 收 期：秋季采集，洗净，晒干备用。

药用部分：根茎。

性味归经：味苦辛、性微寒，有微毒；入心、肝经。

功　　效：熄风定惊、镇咳、止痛、凉血、抗癌。（七叶一枝花4两以米酒1斤浸泡2个月，为毒蛇咬伤常用药）

主　　治：肺热咳嗽、乙型脑炎、肺痨久咳、多种热毒症、子宫颈糜烂、毒蛇咬伤、流行性腮腺炎、哮喘、癌症、疮疡肿毒、小儿麻疹并发肺炎、发高烧、痉挛、咽喉肿痛、惊风抽搐、外伤出血、跌打伤痛。

用　　量：干品3～5钱。过量会引起呕吐、头痛。

用　　法：水煎服。

！使用注意

> 体虚、无实火热毒、阴症外疡及孕妇均忌服。元气大伤者忌内服，内热伤阴而吐血者慎用。

青草组成应用

癌肿	**青草组成：** 七叶一枝花5钱、半枝莲1两、夏枯草1两。 **用法：** 水5碗煎2碗，分两次服。
毒蛇咬伤	**青草组成：** 七叶一枝花5钱、夏枯草1两、半边莲1两、两面针5钱。 **用法：** 水1碗，酒4碗，煎2碗，分两次服。并将渣捣烂，外敷伤口周围。
疔肿 **（外敷方）**	**简方：** 鲜七叶一枝花1两、鲜鱼腥草1两。 **用法：** 一起捣烂，外敷患处。
痈肿疔疮	**简方：** 七叶一枝花根5钱（研末），面粉、醋各适量。 **用法：** 将七叶一枝花根末加入面粉中，以食醋调和，外敷患处，并以鲜根2钱，加水捣汁服。
流行性脑炎、B型脑炎、流行性腮腺炎	**青草组成：** 七叶一枝花3钱、白菊花3钱、金银花3钱、麦门冬2钱、青木香1钱（后煎）。 **用法：** 水煎分两次服之。（小儿适量） **备注：** 中暑、昏迷抽搐、小儿高烧、疟疾等亦可治。

毒蛇咬伤引起血液中毒

青草组成：

七叶一枝花（根状茎）5钱、紫花地丁5钱、半边莲3钱、八角莲3钱、蒲公英5钱、野菊花5钱、炒栀子3钱、连翘3钱、枳壳3钱、王瓜根4钱、寮刁竹4钱。

用法：

水8碗煎2碗，分两次服。

备注：

寮刁竹（别名徐长卿、鬼督邮、一枝香、竹叶细辛、柳叶细辛、逍遥竹、了刁竹、对节莲、英雄草、千云竹、瑶山竹、遥竹逍），为萝藦科植物。

学名：*Cynanchum paniculatum*（Bge）Kitag。根、茎或带根全草均可供药用。

性味功能：味辛、性温，有巨毒；入心、肝、胃经。祛风止痛，解毒消肿，活血，利尿。原产于中国，台湾地区有零星栽培。

带状疱疹

简方：

鲜七叶一枝花块茎1块（洗净）。

用法：

切片外擦患部。或将七叶一枝花、朱砂根各适量一起研末，加雄黄少许，以白酒调和后，涂抹患处。或将七叶一枝花浸泡白酒24小时后，直接涂抹患处。

药理

本品动物试验有较好的平喘、止咳作用。蚤休甙有镇静、镇痛作用，对组织胺所引起的豚鼠支气管痉挛有保护作用。

青草组成应用

肝癌疼痛	**简方：** 鲜七叶一枝花 1 两、田螺肉 10 个、冰片 1 克。 **用法：** 一起捣烂如泥，敷贴肝区，每日一次，连用 3 日。
毒蛇咬伤	**外用：** 鲜七叶一枝花适量。 **用法：** 将鲜七叶一枝花捣烂，调和醋汁直接外敷伤口周围肿痛处，但勿涂抹伤口。 **内服：** 七叶一枝花 5 钱、半边莲 5 钱、夏枯草 4 钱，水煎服。
流行性 B 型脑炎、小儿高热惊风	**简方：** 七叶一枝花（干品）1 ～ 2 钱。 **用法：** 水煎服。
青竹丝咬伤	**青草组成：** 七叶一枝花 5 钱、青木香 3 钱、狗肝菜 5 钱、半枝莲 5 钱、白花蛇舌草 5 钱、米酒适量。 **用法：** 水煎，冲米酒调服。
肺癌	**青草组成：** 七叶一枝花 1 两（重者 1 两半）、白花蛇舌草 2 两（重者 4 两）、蒲公英 2 两（重者 3 两）、黄药子 5 钱、山慈菇 5 钱。 **用法：** 水煎两次，早晚各服一次，或随症状加减。

肺炎、扁桃腺炎	**青草组成：** 七叶一枝花5钱、山豆根3钱、夏枯草1两。 **用法：** 水煎两次，早、晚各服一次，或随症状加减。
腮腺炎、疮疖痈肿	**简方：** 七叶一枝花3钱（干品）、食醋少许。 **用法：** 将干品七叶一枝花研末，以醋调和外涂患处。 **内服：** 七叶一枝花3钱、蒲公英1两。 **用法：** 水煎服，每日1剂。
肺痨久咳及哮喘	**单方：** 七叶一枝花5钱、猪肺2两。 **用法：** 一起炖熟，分两次服。
小儿高热抽搐	**简方：** 七叶一枝花5钱（焙干研末）。 **用法：** 每服1克，以钩藤3钱、薄荷5分，煎水送服。 一日服用两次。

本品根茎含甾体皂甙（蚤休甙）、生物碱以及氨基酸等。

十大功劳（清热补虚，泻火解毒，清肺止咳）

科别：小檗科（Berberidaceae）

学名：*Mahonia japonica*（Thunb）DC.

英名：China mahonia

别名：山黄柏、黄心树、刺黄柏、土黄莲、木黄莲、华南十大功劳、天鼠刺、黄伯木、铁八卦、土黄伯、黄刺伯、伞把黄连、大老鼠黄、老鼠黄、刺黄连、羊角莲、土黄芩、羊角黄连、八角羊、阔叶十大功劳。

原产地：欧洲、美国温暖地区、中国台湾、日本等国家和地区。

分　　布：生于山坡灌木丛中。分布于陕西、安徽、浙江、江西、福建、河南、湖北、湖南、四川等地。

形态特征：常绿灌木，茎直立，少分枝，高可达4米。单数羽状复叶互生，小叶对生，硬革质，7～15片，无叶柄，椭圆状卵形或披针形，先端和边缘有刺状锯齿，基部近心形，边缘反卷，叶面深绿色，有光泽，叶背黄绿或淡绿。秋季开黄色花，小花排成总状花序丛生于茎顶，花柄粗壮，花黄色，花瓣6枚，长圆形，先端2裂。浆果近似球形，成熟时呈暗紫色或蓝色，外面有白粉。

采收期：全年可采。洗净、切片、晒干备用。

药用部分：叶、根、茎、全株及功劳子。

性味归经：根、茎：味苦，性微寒；入肝、胃、大肠经。叶：味苦，性凉；入肺经。

功　　效：根、茎：清热、燥湿、解毒、泻火、去湿。叶：滋阴清热、清肺止咳、清热补虚、清肺胃实热、化痰止咳。

主　　治：根、茎：湿热泻痢、黄疸肝炎、目赤肿痛、湿热疮痛、湿热黄疸、痈肿疮毒、高血压、尿毒、心脏病。叶：肺结核咯血、肺结核之潮热、腰膝无力、头晕耳鸣、失眠、咳嗽、感冒发热、支气管炎、急慢性气管炎、胃炎、皮肤疾病。

用　　量：干品3钱～1两。

用　　法：水煎服。

使用注意

阳痿、阴虚、产后盆血、血虚、发热以及小便失禁者，慎用。

青草组成应用

黄疸型肝炎

青草组成：
十大功劳叶5钱、虎杖5钱、栀子根5钱、田基黄1两、蚊仔烟草1两、金线莲1两。

用法： 水煎，分两次服。

肺热咳嗽、支气管肺炎

青草组成：
十大功劳叶1两、穿心莲5钱、陈皮3钱。

用法：
水煎，分两次服。

急慢性气管炎

青草组成：
十大功劳叶8钱、枇杷叶（去毛）3钱、黄肉川七5钱。

用法： 水煎，早、晚饭后各服一次。

肺结核潮热咳

青草组成：
十大功劳叶1两、枸杞根皮5钱、桑白皮3钱。

用法：
水煎，分两次服（宜饭后服）。

百日咳

青草组成：
十大功劳叶5钱、枸杞根皮5钱、蜂蜜适量。

用法： 水煎，去渣。调蜜服。

本品根、茎、叶均含小蘗碱。

 抗菌试验

小蘗碱对金黄色葡萄球菌、脑膜炎双球菌、肺炎双球菌、溶血性链球菌以及痢疾杆菌等均有较强的抑制作用。小蘗碱口服后，血浓度不易维持，毒性较小。

风火牙痛	**青草组成:** 十大功劳叶 1 两、钉地蜈蚣草 1 两、夏枯草 5 钱、白骨掇鼻草 3 钱、青盐 5 钱、石膏 5 钱。 **用法:** 5 碗水煎 2 碗,当茶饮。
腰酸疼痛	**简方:** 鲜十大功劳叶根 8 钱、乌贼骨 2 个。 **用法:** 水 2 碗、酒 2 碗,共炖服。
肺结核	**青草组成:** 十大功劳叶 1 两、万两金 1 两、石壁癀 5 钱、一叶草 8 钱、鱼腥草 5 钱、筋骨草 5 钱。 **用法:** 水 6 碗煎 2 碗,分两次服。
牙周炎、 牙龈炎、 牙髓炎	**青草组成:** 十大功劳叶 8 钱、紫花地丁 5 钱、白马骨 1 两、威灵仙 3 钱、蒲公英 5 钱、一点红 1 两、橄榄炭粉 5 钱(橄榄仁子烧炭研粉)。 **用法:** 水 5 碗煎 2 碗,分两次服。

辨认注意

冬青科的枸骨根和枸骨叶(学名:*Ilex cornuta* Lindl. ex Paxt.;英名:Chinese holly),根亦名功劳根,叶亦名功劳叶、功劳子,但与本品十大功劳不同,使用时应区分,不可混淆使用。其功用如下:

枸骨根(又名功劳根、狗白骨)
性味功用:味苦,性微寒。有祛风清热、益肾健骨等作用。

枸骨叶(又名八角刺、猫儿刺)
性味功用:味微苦,性凉;入肝、肾经。有养阴清热、补益肝肾的作用。

三白草 （清热利水，消肿解毒，清湿热，利小便）

科别：三白草科（Saururaceae）

学名：*Saururus chinensis*（Lour.）baill.

英名：Chinese lizarbtail

别名：水茗草、水茗根（根）、白花莲、水茗、水茗叶、水木通、五路白、白水鸡。

原 产 地：中国、日本、菲律宾、印度。

分　　　布：多生长于池泽、水田、沟渠等各类湿地。分布于河北、河南、山东和长江流域及其以南各地。

形态特征：多年生草本，株高约1米。茎直立，地下茎匍匐，较粗，节上生根，根茎黄白色，有强烈腥味。单叶互生，纸质，叶卵状心形，长5～14厘米，宽3～7厘米，具叶柄，叶柄长1～3厘米，绿色，先端渐尖或短尖，基部鞘状，茎顶部在开花期间花序下的2～3枚叶片常呈白色，故称三白草。3～7月开花，总状花序顶生或与叶对生，与叶对生，花小，有柄，无花被，生于苞片腋内，花穗抽出后

呈下垂状，从下部逐渐开花后，会渐渐直立。果期
8～9月，蒴果阔卵形，褐色，种子椭圆或球形，
褐色，有棱，表面具多疣状凸起，不开裂。

采 收 期：夏、秋季采集。洗净后切段，晒干备用。

药用部分：地下茎及全草。

性味归经：味甘、辛，性凉、微寒；入肺、膀胱、心、脾、胃、
肾经。

功　　效：（全草）清热解毒、利尿消肿、消炎退黄、利尿剂。

主　　治：肝炎、肝硬化腹水、肺积水、水肿、脚气水肿、淋
病、膀胱湿热引起的小便不利、泌尿系统感染、石
淋、泌尿系统结石、膀胱湿热、小便不利、尿道刺
痛、妇女白带过多、感冒发热、咳嗽痰多、肾炎水
肿。

用　　量：5钱～1两。

用　　法：水煎服。

！ 使用注意

肺寒者勿用。

青草组成应用

慢性前列腺炎

青草组成：
水苍草1两、败酱草1两、大飞扬1两、泽兰5钱、鲜紫茉莉根5钱、鱼腥草5钱（后下煎）

用法：
水6碗煎3碗，当茶饮。连服半个月。

妇女白带过多

青草组成：
鲜水苍根2两、鱼腥草1两（后下煎）、车前草5钱、猪骨2两。

用法：
水5碗，加猪骨炖熟，分三次服。服5～10日。

急性乳腺炎

单方：
水苍根1两半、豆腐1块。

用法：
加水一起炖烂服，并将渣捣烂，外敷乳头周围。

骨髓炎

青草组成：
水苍根1两、楦梧根2两、菝葜1两、忍冬藤1两、黑豆1两、生首乌5钱、鸡蛋2个。

用法：
将上述6味药加水8碗，煎2碗，分两次服。每次冲鸡蛋1个一起服下。

妇女白带

简方：
水苍根1两、鱼腥草2两、猪瘦肉3两。

用法：
将上述药方和猪瘦肉炖熟，饭前食肉喝汤。服一星期。

妇女乳汁不足	**单方：** 水苍根1两、猪前脚蹄1节（约1寸长）。 **用法：** 加水一起炖烂，饮汤吃肉，服3日。
阴囊湿疹痒	**单方：** 鲜水苍草1两。 **用法：** 捣汁，涂患处。
尿路感染	**青草组成：** 水苍草1两、海金沙藤1两、车前草5钱、白花蛇舌草5钱。 **用法：** 水6碗煎3碗，当茶饮。
肝癌腹水	**青草组成：** 水苍草1两、半枝莲5钱、半边莲5钱、大蓟根1两、玉米须1两。 **用法：** 水6碗煎3碗，分三次服。
骨髓炎	**简方：** 水苍根1两、米酒30毫升。 **用法：** 水3碗煎1碗，第二次煎用水2碗半煎8分，两次煎汤混合，加入米酒调和，早、晚各服一次，服一星期。

| 横痃破溃后、破口发炎久不愈 | **简方：**
 鲜三白草 2 两（洗净）、青壳鸭蛋 2 个。 |
| | **用法：**
 一起炖烂服，早、晚各服一次（可消炎退黄）。 |

| 肝癌腹水 | **青草组成：**
 三白草 1 两、大蓟根 1 两、白英 5 钱、杠板归 1 两。 |
| | **用法：** 水 5 碗煎 2 碗，分两次服。 |

| 肝癌腹水 | **民间常用方：**
 三白草 1 两、白毛藤 5 钱、鼠尾癀 1 两、荔枝草 1 两。 |
| | **用法：**
 水 5 碗煎 2 碗，分两次服。 |

| 痈疮疔肿、热毒斑疹 | **简方：**
 鲜三白草 1 两（洗净）。 |
| | **用法：**
 捣烂，外敷患处，或煎水外洗。 |

| 感冒发热 | **简方：**
 鲜三白草根 2 两、蜂蜜适量。 |
| | **用法：**
 水 3 碗煎 1 碗，第二次煎用水 2 碗半煎 8 分，两次煎液混合，待凉后加入蜂蜜调匀，分两次服。 |

三白草全草含有挥发油，主要成分为甲基正壬基甲酮。叶含芸香苷、异槲皮苷、金丝桃苷等黄酮类物质。

肝癌化腹水	**青草组成：** 三白草1两、半边莲5钱、半枝莲1两、白英5钱。 **用法：** 水5碗煎2碗，分两次服。
妇女白带兼黄色有臭味	**青草组成：** 水菾根1两、白鸡冠花5钱、白煮饭花头1两、白肉豆根5钱、白龙船花根5钱。 **用法：** 水煎2次，早、晚各服一次。（亦可单用水菾根1两半，水煎去渣，加白糖调服）

总生物碱制成的注射液，对淋巴系统恶性肿瘤有较好疗效。

抗菌试验

本品对金黄色葡萄球菌和伤寒杆菌等有抑制作用。

三点金草（行气利湿，驱风解热，清小肠火）

科别：豆科（Leguminosae）

学名：*Desmodum triflorum*（L.）DC.

英名：Spanish clover

别名：雨神翅、蝴蝇翼、蝴蝇草、蝇翼草、蝇翅草、蝇翅翼、小叶三点金、三耳草、八字草、四季春、珠仔草、萹蓄、户神实。

原 产 地：热带地区。

分　　布：生于沟旁、沼泽等低湿处。分布于河北、河南、山东和长江流域及其以南各地。

形态特征：多年生匍匐性草本，全株有细细的柔毛。茎丛生，纤细且有许多分枝，被白色毛。三出复叶，小巧的形状如蝇翼，又名"蝇翼草"；小叶倒卵形，顶端凹入，顶生小叶，托叶渐尖形。花腋生，春夏季开花，蝶形花冠呈红紫色，花萼钟形，5裂，上方2片合生，被毛，翼瓣椭圆形，旗瓣倒卵形，单出或簇生。荚果2～6节，表面具有有钩毛，腹缝腺在

节处凹入，当人或是动物经过时，成熟的荚果即断裂成一节一粒种子的"节荚果"黏附在身上，借由动物的迁徙将种子散布至各地。

采 收 期：四季采全草。洗净，晒干备用。

药用部分：全草。

性味归经：味辛、微苦、甘，性凉；入心、心包、脾、肝、肾经。

功　　效：清热利湿、消疳、调经、止痛（全草驱风）。

主　　治：痢疾、肝病、黄疸、目赤肿痛、感冒、咳嗽、淋病、经痛、疔肿、疥癣、肾脏病水肿、月内风。

用　　量：鲜品5钱~2两。

用　　法：水煎服。

 使用注意

孕妇忌服。无滞者少用。

青草组成应用

小儿疳积（小儿营养不良）	**青草组成：** 三点金草1两、蛇总管1两、开脾草1两、鸡肝2个。 **用法：** 草药先用清水洗净，加入适量水炖鸡肝（猪肝亦可），早、晚各服一次。
久痢	**青草组成：** 三点金草1两、小飞扬1两、雷公根1两、金石榴5钱。 **用法：** 水6碗煎2碗，去药渣。加黑糖调匀，分两次服。
颈部淋巴结核	**青草组成：** 三点金草1两、夏枯草5钱、鲜蛇莓2两、猪瘦肉2两。 **用法：** 水煎2碗，去渣后用药汁炖猪瘦肉，分两次服。
痢疾	**青草组成：** 三点金草1两、红乳草1两、凤尾草5钱、鲜马齿苋5钱。 **用法：** 水5碗煎2碗，分两次服。
慢性气管炎	**青草组成：** 三点金草1两、猪瘦肉2两。 **用法：** 药材洗净，放入电锅内，加入适量水炖熟，每天分两次服。服用一星期。
受漆毒引起急性过敏性皮肤炎	**青草组成：** 鲜三点金草2两。 **用法：** 煎水，外洗患处。每日洗3～5次。

肾脏病水肿	**青草组成：** 三点金草 1 两、水丁香 1 两、丁竖杇 1 两、掇鼻草 5 钱、山葡萄 5 钱、咸丰草 1 两、芦荟 1 片、青仁黑豆半斤。 **用法：** 水 8 碗煎 2 碗，当茶饮。
妇女月内风	**青草组成：** 三点金草 5 钱、水蜈蚣草 1 两、楒梧头 5 钱、鸡屎藤 1 两、大风草头 1 两。 **用法：** 水 3 碗，酒 3 碗，一起煎 2 碗，早、晚各服 1 碗。
咳嗽吐血	**青草组成：** 鲜三点金草 120 克、朱竹叶 3 片、扁柏叶 30 克、地榆 30 克、冬蜜适量。 **用法：** 水 8 碗煎 2 碗，去渣。与冬蜜调和，分 2 ~ 3 次服。
肠炎、大便似鼻涕	**青草组成：** 三点金草 1 两、红乳草 1 两、凤尾草 1 两、蚶壳草 5 钱、蒲公英 5 钱、黑糖 5 钱。 **用法：** 水 5 碗煎 2 碗，去渣。加黑糖调匀，分两次服。
肾亏	**青草组成：** 三点金草 1 两、香圆根 1 两、白石榴根 1 两、破布子树二层皮 1 两半、骨碎补 1 两、鸡蛋 2 个。 **用法：** 水 6 碗，加鸡蛋 2 个，煎成 2 碗，分两次服。

千日红 （止咳平喘，平肝明目， 血止痉）

科别：苋科（Amaranthaceae）

学名：*Gomphrena globosa* L.

英名：Gomphrena globosa, Globe amaranth, Everlasting, Bachelor's button

别名：圆仔花、千年红、百日红、团子花、火球花、千日草、千金红、滚水花、球形鸡冠花、吕宋菊、蜻蜓红。

原 产 地：原产热带美洲的巴西、巴拿马和危地马拉。

分　　布：中国长江以南普遍种植，亦有为半野生。

形态特征：一年生草本植物。株高在 30 ~ 50 厘米之间，全株有灰色长毛。茎直立，粗壮有毛；茎近圆柱形，中空，枝微呈四棱形，淡紫红色。叶对生，椭圆形至倒卵形，具短柄，长 3 ~ 10 厘米，宽 2 ~ 5 厘米，两面密被有柔毛，近无柄。头状花序着生在枝条顶端，基部有 2 枚叶状小苞片，淡桃、深红或白色的头状花序，和鸡冠花一样，由许多小花和蜡质苞片组合而成。花期 7 ~ 10 月，长而持久。种子细小。

采 收 期：夏、秋季花期采花。晒干备用。

药用部分：花序、全草。鲜用或晒干备用。

性味归经：味甘、微咸，性平；入肺、肝经。

功　　效：清宣肺气、止痢、利尿；（花）哮喘。

主　　治：急慢性支气管炎、支气管哮喘、百日咳、肺结核咯血、头痛、痢疾、肝热眼痛、小儿肝热、夜啼、咳嗽、咳嗽痰多、眼睛昏糊、小儿腹泻、小便不利。
外用：跌打伤、痈疡肿痛，全草煎水外洗及捣烂外敷。

用　　量：3～5钱，花用10朵左右。

用　　法：水煎服。

 使用注意

勿过量久服。

青草组成应用

| 头风痛 | **简方：**
千日红根 1 两、铁马鞭 1 两、黄荆根 1 两、丝瓜根（鲜品）2 两。
用法：水煎，分两次服。 |

| 急慢性
支气管炎 | **简方：**
千日红 3 钱、甜珠仔草 1 两、石胡荽 5 钱。
用法：
水煎两次服。 |

| 哮喘症 | **简方：**
千日红 3 钱、黄荆子 5 钱、鼠曲草 1 两。
用法：
水 2 碗半煎 8 分，渣以水 2 碗煎 6 分，两次煎汤混合，早、晚各服一次。 |

| 百日咳 | **简方：**
千日红 10 朵、鹅不食草 2 钱。
用法：
水煎两次，加冰糖 5 钱调匀，分 2 ~ 3 次服。 |

| 咯血 | **简方：**
千日红 10 朵、仙鹤草 5 钱、白芨 2 钱、侧柏叶 5 钱、冰糖 8 钱。
用法：
水 3 碗煎 1 碗，去药渣。加冰糖调匀服。 |

| 小便不利、
小儿腹泻 | **单方：**
千日红 3 ~ 5 钱。
用法：
水煎服。 |

小儿肝热引起躁扰不宁、眼睛多眵、巩膜蓝色症	**简方：** 千日红 10 朵、蒲公英 1 钱半、菊花 1 钱。 **用法：** 水 2 碗煎 8 分，分次服之（或炖冬瓜糖 1 两）。
小儿夜啼不宁	**简方：** 千日红 5 朵、菊花 7 分、蝉蜕 3 只。 **用法：** 水 1 碗半煎 5 分，分次服。
急慢性支气管炎、支气管哮喘	**简方：** 干千日红 3 ~ 5 钱。 **用法：** 水煎两次服，或用花 10 朵，煎水服。

药理

千日红有平喘作用，因其性平和，对于寒、热喘咳均可应用，而且兼有利尿作用，可治小便不利和小儿腹泻等。

千里及 （清热解毒，清肝明目，抗菌消炎）

科别： 菊科（Compositae）

学名： *Senecio scandens* Ham *ex* D. Don

英名： Climbing groundsel herb

别名： 蔓黄菀、九里明、九里光、千里光、大金菊、千里急、眼明草、
黄花草、九龙光。

原 产 地：中国东南部、日本、中南半岛、菲律宾以及印度。

分　　布：分布于海拔 400～3,200 米的向阳山坡地、林缘、
溪谷或灌木林中。分布于中国东南沿海各地。

形态特征：为多年生草本攀缘性植物，有攀援状木质茎，茎细
长多分枝，茎初直立，后攀援，有条纹，稍呈"之"
字形，长约 1～5 米，有微毛，后脱落。单叶互
生，具柄短，长三角形或椭圆状披针形，边缘不规
则锯齿，两面疏被细毛。叶长 4～10 厘米，宽 3～
5 厘米，先端渐尖，叶柄长 1～2 厘米，基部楔形
至截形，边缘有不规则缺刻状齿裂或微波状或近全
缘。秋、冬开黄花，头状花序多数，排成伞房状，
花黄色，舌状花雌性，管状花两性，密生软毛，直
径约 1.2～1.4 厘米。瘦果圆柱形，有纵沟，冠毛
白色；花果期秋冬季至次年春。

采 收 期：夏秋间采集。鲜用或洗净晒干备用。（或全年可采）

药用部分：全草。

性味归经：味微苦，性凉、微寒，微毒；入肺、肝、大肠经。

功　　效：凉血消肿、去腐生肌、解热利尿、止痒、杀虫（各
种疮疡腐肉不脱、痈疽溃后，功能生肌收口）。

主　治：上呼吸道感染、扁桃腺炎、肺炎、大叶肺炎、肠
　　　　炎、菌痢、阑尾炎、胆囊炎、黄疸形肝炎、钩端螺
　　　　旋体病、眼结膜炎、角膜炎、目翳、目赤肿痛、急
　　　　性炎症、湿疹、疮疖肿毒、毒蛇伤、皮炎、败血
　　　　症、毒血症。

用　量：干品5钱~1两，
　　　　鲜品1~2两。

用　法：水煎服。

使用注意

脾胃虚寒泄泻者勿服。

青草组成应用

细菌性痢疾、痈疖、败血症、毒血症

青草组成：
千里及8钱、蒲公英8钱、含壳草8钱、忍冬叶5钱、白花蛇舌草5钱、珍珠草5钱、白茅根5钱、穿心莲5钱、甘草2钱。

用法：
水6碗煎2碗，分两次服，服5日。

蜂窝组织炎

青草组成：
鲜千里及1两、鲜木芙蓉叶和花各1两、鲜白毛夏枯草1两。

用法：
以上3药材先用清水洗净，捣烂，外敷患处或晒干研细末，用冷开水调敷亦可。

过敏性皮肤炎、荨麻疹、皮肤痒疹

青草组成：
千里及2两、紫花地丁1两、金银花3钱、蛇床子3钱、白藓皮3钱。

用法：
水煎洗患处（或用鲜千里光1两、鲜苦楝树叶1两半、鲜白毛藤1两半，共煎水外洗患处）。

急性结膜炎

青草组成：
鲜千里及1两、紫花地丁8钱、野菊花4钱、小本丁竖杇5钱、甘草1钱、白水锦（木槿）1两。

用法：
水5碗煎2碗，早、晚各服一次。服5日。

头癣、干湿癣疮、鹅掌风

青草组成：
千里及1两、苍耳草（全草）1两。

用法：
水4碗，文火煎汁浓缩成膏，擦患处。

流行性感冒、风热感冒	**青草组成：** 千里及 5 钱、鸭公青 1 两、白毛夏枯草 5 钱、白马骨 1 两、铁马鞭 5 钱、桑叶 3 钱、桑白皮 3 钱、冬瓜子 3 钱。 **用法：** 水 5 碗煎 2 碗，分两次服。
眼睛发炎	**青草组成：** 千里及 1 两、白花蛇舌草 5 钱、龙葵根 1 两、枸杞根 5 钱、雷公根 5 钱、甜珠草 1 两。 **用法：** 水 6 碗煎 3 碗，分三次，三餐饭后服。
钩端螺旋体病	**青草组成：** 千里及 1 两、金银花 3 钱、土茯苓 1 两、青蒿 5 钱、鱼腥草 1 两（后下煎 10 分钟）。 **用法：** 水 5 碗煎 2 碗，当茶饮。
急性炎症疾病、毒血症、败血症	**青草组成：** 千里及 5 钱、金银花藤叶 5 钱、蒲公英 5 钱、白花蛇舌草 5 钱、叶下珠 5 钱、白茅根 5 钱、雷公根 5 钱、金钱薄荷 5 钱。 **用法：**水 6 碗煎 3 碗，每 6 小时服一次。 **备注：** 对于菌痢、轻度肠伤寒以及绿脓杆菌感染亦可用。

千里及全草含大量毛茛黄素、菊黄素、黄酮苷、生物碱等。

过敏性皮肤炎、手足癣	**青草组成：** 千里及 2 两、苦楝二层皮 2 两、苦参 1 两、尤加利 2 两、蛇床子 1 两、地肤子 1 两。 **用法：** 煎药时，水要盖过药草，去渣，泡洗患处。一日泡洗两次。
阴部湿疹（外洗方）	**青草组成：** 千里及 1 两半、苍耳草 1 两、香薷 5 钱。 **用法：** 水 10 碗煎浓汁外洗患处，早、晚各洗一次。
皮肤搔痒症（外洗方）	**青草组成：** 千里及 4 两、马缨丹 1 两半、柳叶白前 3 两、地肤子 2 两。 **用法：** 水煎温浴，或浸洗。
夏季皮肤炎（外用方）	**青草组成：** 千里及 3 两、尤加利叶 3 两、黄柏 1 两半。 **用法：** 水 10 碗煎浓汁，去药。再浓缩成 100% 浓液，外涂皮炎处。

 抗菌试验

本品对金黄色葡萄球菌、伤寒杆菌、A 型和 B 型副伤寒杆菌、大肠杆菌、痢疾杆菌以及钩端螺旋体等，有较强的抑制作用。

千金藤（清热泻火，利湿消肿，祛风止痛）

科别：防己科（Menispermaceae）

学名：*Stephania joponica*（Thunb.）Miers

英名：Japanese stephania root，Root of japanese stephania，Japanese stephania

别名：金线钓乌龟、犁壁藤、天膏藤、犁壁草、莲叶葛、金不换、公老鼠藤、野桃草、爆竹消、朝天药膏、合钹草、金丝荷叶。

原 产 地：中国、日本、菲律宾、斯里兰卡、印度以及东南亚等地区。

分　　布：生长在路旁、沟边及山坡林下。我国长江流域以南各地，包括江苏、安徽、浙江、江西、福建、台湾、河南、湖北、湖南、四川等地均有分布。

形态特征：多年生常绿藤本植物，长可达5米，全株无毛。根圆柱状，外皮暗褐色，内面黄白色。老茎木质化，小枝纤细，有直条纹。叶互生，叶柄长5～10厘米，盾状着生；叶片阔卵形或卵圆形或稍呈三角形，长4～8厘米，宽3～7厘米，先端钝或微缺，基部近圆形或近平截，全缘，上面绿色，有光泽，下面粉白色，两面无毛，掌状脉7～9条。3～6月间开浅绿色小花多数，复伞形花序腋生，花小，单性，具长柄，雌雄异株；果期6～8月，核果近球形，成熟时红色。

采 收 期：夏、秋季间采根或茎藤。洗净，晒干备用。

药用部分：块根或茎藤。

性味归经：味苦、性寒。有微毒。

功　　效：祛风活络、消肿止痛、清热解毒、利尿。

主　　治：咽喉肿痛、牙痛、胃痛、湿热淋浊、小便不利、水肿脚气、风湿痹痛、跌打损伤、腹痛、风湿性关节炎、痢疾、痈疮肿痛、外阴湿疹、毒蛇咬伤、疟疾。

用　　量：干品2～5钱。

用　　法：水煎服；外敷。

! 使用注意

本品有毒，用量不宜过大，必须慎用。

◎雌花

◎成熟果实

本品全草含轮环藤酚碱、千金藤碱等多种生物碱。

青草组成应用

咽喉肿痛、腹痛痢疾

简方：
犁壁藤 5 钱（清水洗净）。

用法：
水煎服。

跌打损伤、疮痈疖肿

简方：
鲜犁壁藤 5 钱。

用法：
捣烂，外敷患处。

毒蛇咬伤

简方：
犁壁藤根 5 钱。

用法：
犁壁藤根晒干研细末，每次用 5 分，开水冲服。

用法：
取用鲜犁壁藤根，捣烂，外敷伤口周围，暴露伤口勿包扎，令毒液排出通畅。

男女脊椎骨酸抽痛

青草组成：
犁壁藤头 5 钱、牛乳埔 2 两、牛白藤 1 两、土牛膝 5 钱、岗梅 5 钱、北杜仲 4 钱、白芙蓉头 1 两、土鸡肉 4 两。

用法：
水 4 碗，酒 4 碗，加土鸡肉，共炖 2 小时，空腹时服用。

药理 轮环藤酚碱对横纹肌有松弛作用，千金藤碱有神经节阻断作用。

土牛膝全草含有倒扣草碱。根含皂苷，苷元为齐墩果酸，另含有甜菜碱和糖类；种子含皂苷。

 抗菌试验

土牛膝酊剂对白喉杆菌、金黄色葡萄球菌以及链球菌等均有抑制作用。

急性喉炎	**青草组成：** 土牛膝5钱、叶下红1两、白毛夏枯草5钱、野菊花3钱。 **用法：** 水5碗煎2碗，分两次服。
急性扁桃腺炎	**青草组成：** 土牛膝1两、大青叶5钱、白花蛇舌草5钱、车前草5钱、瓜子金5钱。 **用法：** 水6碗煎2碗，分两次服。
风湿性关节炎，红肿疼痛者	**青草组成：** 土牛膝头5钱、桑枝5钱、五加皮5钱、柳叶白前1两半、络石藤5钱。 **用法：** 水5碗煎2碗，早、晚各服一次，服一星期。
急性化脓性扁桃腺炎	**青草组成：** 土牛膝1两、山豆根3钱、麦门冬4钱、女贞叶1两、甘草1钱、穿心莲5钱。 **用法：** 水5碗煎2碗，早、晚饭后各服1碗。
慢性腰腿疼痛	**青草组成：** 土牛膝3两、杜仲3两、一条根4两、五加皮4两、威灵仙2两、米酒4瓶。 **用法：** 将上药浸泡米酒中20天，每次服15～20毫升，早、晚各服一次。

重症肌无力，以脚为甚者	**青草组成：** 土牛膝头 5 钱、一条根 5 钱、五加皮 5 钱、薏苡仁 5 钱、威灵仙 3 钱、人参 3 钱、山茱萸 3 钱、鹿角胶 3 钱、枸杞子 3 钱、黄芪 5 钱。 **用法：** 水 3 碗煎 1 碗，渣以水 2 碗半煎 8 分，两次煎汤混合，早、晚各服一次。
跌打内伤	**青草组成：** 土牛膝 5 钱、铁马鞭 5 钱、大血藤 1 两。 **用法：** 水 5 碗煎 1 碗，渣以水 3 碗煎 8 分，两次煎汤混合，早、晚各服一次。
白喉	**简方：** 鲜土牛膝 5 钱、鲜万年青 3 钱、鲜瓜子金 2 钱。 **用法：** 洗净，一起捣烂，加冷开水绞汁，频频含咽。
小便似米泔水	**青草组成：** 红骨土牛膝 2 两、白龙船花根 2 两、小本山葡萄根 1 两、野生鲫鱼 2 条。 **用法：** 水 8 碗煎 3 碗，加鲫鱼炖烂，早、晚各服一次。

药理 土牛膝种子中分离出来的皂苷混合物，有强心作用，比洋地黄见效快而且时间较短。

土人参 （补脾益气，润肺生津，凉血消肿）

科别：马齿苋科（Portulacaceae）

学名：*Talinum paniculatum*（Jacq.）Gaertn.

英名：Panicled fameflower

别名：假人参、土高丽参、飞来参、参仔叶、土洋参、土高丽、水人参、参仔叶、参仔草、波世兰、台湾参、东洋参、参草、土红参、土参、紫人参、福参、栌兰。

原 产 地：热带美洲。

分　　布：中国中部和南部均有栽培种植。分布于浙江、江苏、福建、广西、广东、四川、贵州、云南、台湾等地。

形态特征：多年生草木植物，全株平滑无毛，茎叶柔软多汁，肉质状，高可达 60 厘米。主根肥厚，圆柱形或纺锤形，外表棕褐色或黑褐色；基部多分枝，茎紫红色。叶互生或近对生，具有短柄或几无柄，叶肉质，倒卵状或倒卵状长椭圆形，长 5～7 厘米，宽 2～3.5 厘米，基部渐狭，先端锐尖或钝圆，全缘光滑。春、夏间开花，花序圆锥状，着生于分枝茎顶，总花柄紫绿色或暗绿色，花小，多数，淡红色或紫红色，直径约 0.6 厘米，具花瓣 5 枚，倒卵形或椭圆形；雄蕊 10 余枚，花丝纤细，花梗细长。球形蒴果，径约 0.4 厘米，熟时红竭色。种子细小，黑色，扁圆形。花果期为 5～12 月。

采 收 期：春、秋采茎叶。秋季采根部。

药用部分：根、茎、叶（本品根部似人参，秋季以后挖取多年生根部）。

性味归经：味甘，性平；入脾、肾经。

功　　效：根：健脾、润肺、止咳、调经、凉血消肿，根为滋补药。茎叶：外用捣敷肿毒、解热、消肿退癀、通乳。土人参：补中益气、润肺生津、凉血消肿。

主　　治：尿毒症、糖尿病、多尿症、脾虚劳倦、肺劳咳痰带血、盗汗自汗、泄泻、尿毒、白带、月经不调、眩晕、潮热。

用　　量：干品5钱～2两。

用　　法：水煎服。

！使用注意

土人参入药需蒸熟晒用，生用性较寒滑，易引起泄泻。（土人参叶含有草酸钾、硝石等成分）

青草组成应用

自汗、多汗等症	**单方：** 土人参根 2 两、猪肝 5 两。 **用法：** 加水共炖烂，分两次服。
脾虚泄泻	**单方：** 土人参根 1 两、山药 1 两、白扁豆（炒）5 钱、麦芽 3 钱（微炒）。 **用法：** 加水共炖烂，分两次服。
夜尿频数、肾虚小便频数	**青草组成：** 土人参 2 两、金樱根 1 两、桑螵蛸 3 钱、杜仲 3 钱。 **用法：** 水 5 碗煎 2 碗，早、晚各服一次。服 5 日。
妇女乳水不足	**简方：** 土人参 1 两、红枣 6 粒。 **用法：** 水 3 碗，加入土人参和红枣一起炖烂服。
妇女缺乳	**单方：** 鲜土人参叶 2～5 两（洗净）。 **用法：** 油炒当菜吃。
咯血、肺痨虚热	**单方：** 鲜土人参 1 两、冰糖 1 两半。 **用法：** 水 3 碗，加入土人参和冰糖共同炖烂，分两次服。
劳倦无力	**简方：** 鲜土人参 1 两、乌贼鱼（去骨）1 只。 **用法：** 水 2 碗，酒 2 碗，共炖烂，早、晚各服一次。
痈疖（外敷方）	**单方：** 鲜土人参叶 5 钱、红糖少许。 **用法：** 共捣烂，外敷患痈疖处。

多尿症	**简方：** 鲜土人参根 3 两、鲜金樱根 1 两半。 **用法：** 水 6 碗煎 2 碗，分两次服。
糖尿病、 尿毒症	**单方：** 土人参 3 两、野生土田鸡 1 只、小本丁竖杇 1 两。 **用法：** 共炖烂，分两次，饮汤吃肉。
预防感冒、 固肺方	**青草组成：** 土人参根 40 克、晋耆 80 克、朱贝 20 克。 **用法：** 共研细末，每服 2 克，开水送服。
尿酸引起 酸痛	**青草组成：** 土人参根 1 两、红根仔草 5 钱、苎麻根 5 钱、开脾草 5 钱、万点金 5 钱、小本山葡萄 1 两。 **用法：** 水 8 碗煎 3 碗，当茶饮。
病后体弱、 脾胃气虚	**青草组成：** 土人参 2 两、土黄芪 1 两、千斤拔 1 两、土党参（金钱豹）5 钱。 **用法：** 水 6 碗煎 2 碗，分两次服。气血虚弱者加大血藤 5 钱。
小儿遗尿 症	**简方：** 鲜土人参 5 钱、金樱子 3 钱、芡实 1 两。 **用法：** 水煎，分两次服（或金樱根 5 钱～1 两，炖鸡蛋 1 粒，吃蛋喝汤）。

大花曼陀罗 （止咳平喘，祛风止痛）

科别：茄科（Solanaceae）

学名：*Datura suaveolens* Humb. & Bonpl. ex Willd.

英名：Angel's trumpes

别名：白花曼陀罗、大白花曼陀罗、南洋金花、曼桃花、万桃花、凤茄花、风茄儿、山茄儿。

原 产 地：巴西。

分　　　布：生于荒地、旱地、宅旁、向阳山坡、林缘、草地。广泛分布于世界温带至热带地区。

形态特征：常绿性或半落叶性大灌木，高 3 ~ 4 米；小枝常呈灰白色。单叶互生，具长柄，叶形呈长椭圆形，叶端呈尖锐形，叶基呈歪钝形，叶面粗糙有毛，叶缘全缘呈波状，纸质，有羽状侧脉 7 ~ 9 对，叶色正面浓绿，背面浅绿，叶长 15 ~ 30 厘米，宽 6 ~ 13 厘米。全年皆可开花，单生花腋出，花白色，大型且呈喇叭状，长 25 ~ 50 厘米。蒴果呈圆筒状

中毒处理

方法一：
鲜白茅根 2 两、鲜甘蔗 1 斤、椰子 1 粒。
用法：
先将白茅根及甘蔗用冷开水洗净，捣烂，榨取自然汁，加入椰子水煎服。

方法二：
金银花 8 钱、绿豆衣 5 两、甘草 1 两。
用法：
水 8 碗煎 3 碗，过滤去渣，频频服之。

锥形，但结果率不高。另一种品种为直立草本或小
灌木。

采 收 期：花初开时采花，晒干用。果实成熟时，采种子，晒
干用。

药用部分：花、叶、果（全株有毒，种子的毒性较大）。

性味归经：味苦辛，性温，有大毒（种子毒性较大）。

功　　效：麻醉、镇咳、镇痉止痛。种子：行血、祛风寒。

主　　治：花：哮喘、止痛、安眠、慢性气管炎、风湿痹痛、
跌打伤痛、晕动症。鲜叶：跌打伤、蛇伤、疔疮。
干叶：胃痛。全草：震颤麻痹。

用　　量：叶1～2分；干花5厘～1分。

用　　法：切碎和烟丝共卷成烟，燃烧吸，作为临时平喘用，
每日两次，不可过量。

 使用注意

全株有剧毒，不宜随便取用，以免中毒发生危险。瞳孔
散大或惧光者不可使用。儿童忌用。

青草组成应用

关节痛、筋骨痛、脚膝软弱、脚气浮肿、拘挛疼痛	外洗药方： 曼陀罗花和叶8钱、苍耳草8钱、石菖蒲1两、花椒叶8钱（又名川椒、蜀椒，中药名） 用法： 加水盖过药草煎、薰洗患处，不可内服。
手掌心搔痒流黄水（外用药）	外用方： 曼陀罗根4钱、明矾3钱、雄黄3钱。 用法： 加水共煎10～20分钟，乘温时浸泡患处，每日浸泡两次。
疔疮（外用药）	外敷方： 鲜曼陀罗果2～3个。 用法：捣烂，外敷疔疮处。
跌打损伤	简方： 曼陀罗种子3克、米酒200毫升。 用法： 将曼陀罗种子浸泡米酒中备用，需要时每次服5至8毫升，切勿过量多服，以免引起中毒，慎用。本方有镇痛作用，宜请教中医师后再使用。
哮喘症（成人用方）	简方： 干曼陀罗0.3克、薄荷叶5克。 用法： 切成丝状，然后卷成烟卷，点燃，当做烟吸之。1日1～2次。儿童禁用。 备注： 本方必须由中医师处方后才能使用。曼陀罗毒性较强，内服量不可过大，以免中毒。

大花曼陀罗全株含东莨菪碱、陀罗碱、阿托品等，有麻醉作用。

大花曼陀罗有巨毒，中毒死亡主要原因为呼吸衰竭。对于青光眼或有眼压增高者、肝肾功能严重损害者、严重高血压者、心肺功能代偿不全者、心跳过快者、高热病者等症状，禁用。

大甲草（解毒消炎，消肿散结，祛风利水）

科别：大戟科（Euphorbiaceae）

学名：*Euphorbia formosana* Hayata

英名：Taiwan euphorbia

别名：五虎下山、八卦草、药虎草、台湾大戟、满天星、黄花尾。

原 产 地：中国台湾、日本、琉球以及韩国等地区。

分　　布：生长于中国台湾低海拔 10 ～ 300 米处的山区、路旁或原野。

形态特征：多年生草本或半灌木状多年生草本植物，株高30 ～ 150 厘米。茎直立，基部分生成丛生状或呈伞形状，折伤则流出白色乳汁，被短绒毛。叶互生或轮生，无柄，披针形或线状披针形，全缘，狭长而尖，很像夹竹桃的叶子，长 3 ～ 8 厘米，宽 0.5 ～ 1.5 厘米，叶背面带粉白色。春至夏季开黄色花，复伞形花序顶生或腋生，花茎细长，杯状花序具腺

体 4 枚，苞叶淡黄色或带紫黄色，4 裂；雌雄花均无花被，雄花的雄蕊 1 枚，雌花的雌蕊 1 枚；子房扁球形，花柱 3 枚。蒴果 3 棱，径约 0.5 厘米。花期 3 ~ 6 月。

采 收 期：夏、秋季间采集，洗净，鲜用或晒干备用。

药用部分：根及全草（切小段或切片晒干备用，鲜用毒性稍大，用者较少）。

性味归经：味苦辛，性寒，有毒；入肺、大肠经。

功　　效：（全草及根）：清热解毒，蛇咬伤药。

主　　治：毒蛇咬伤、风湿、跌打伤、疥癣、痈疽疔疮、无名肿毒、疯狗咬伤、肝硬化、肾炎水肿、带状疱疹。

（根、茎治百步蛇、雨伞节、龟壳花蛇咬伤）

用　　量：根 3 ~ 5 钱。

用　　法：水煎服、外敷。

注：大甲草可以用醋炒、酒炒或以小米酒煮汤剂应用。

 使用注意

本品有毒，宜小心使用。（体虚胃寒患者慎用）

疗疮毒

青草组成：
鲜大甲草 5 钱、白骨九层塔 5 钱、黑糖 3 钱。

用法：
将以上两味青草药洗净，共捣烂，加黑糖外敷患处。

毒蛇咬伤

青草组成：
鲜大甲草根 5 钱、酒半瓶至 1 瓶。

用法：
全酒煎半碗服。渣捣烂，外敷伤口周围。

一切毒蛇咬伤

青草组成：
大甲草 3 钱、青木香 2 钱、巴豆根 2 钱、酒半瓶至 1 瓶。

用法：
全酒煎服。渣捣烂，外敷伤口周围。

疯狗咬伤、毒蛇咬伤

单方：
大甲草根 5 钱、米酒 2 碗。

用法：
先将药洗净，用酒 2 碗煎八分服，并以渣外敷伤处。不可久服。

疯狗咬伤

单方：
大甲草根 5 钱（洗净）。

用法：
酒 3 碗煎 1 碗服，并将渣捣敷伤口周围。

疥癣

单方：
鲜大甲草适量。

用法：
将鲜大甲草折断，取汁外涂疥癣处。

中毒处理

服用大甲草过量引起中毒现象。

症状：腹痛腹泻、呕吐、烦燥、血压下降等。

解法：速取绿豆 4 两、甘草 1 两。

用法：水煎，分两次服。服后即吐。

大蓟（凉血散瘀，利尿降压，祛瘀消肿）

科别：菊科（Compositae）

学名：*Cirsium japonicum* Fisth *ex* DC

英名：Japanese thistte herb

别名：蓟、虎蓟、野红花、牛口刺、大刺儿菜、鸡脚刺、将军草、马刺草、刺盖草、马蓟、刺蓟、山牛蒡、鸡项草、千针草、大蓟草、大蓟姆、牛戳嘴、鸡项草、戳人蓟草、小蓟、南国小蓟、野蓟、猫蓟、鸡角刺、千针、红花、铁甲武士、山萝卜、牛母刺花。

原 产 地：北半球。

分　　布：生于山坡、草地、路旁、荒地。广布河北、山东、安徽、黑龙江、陕西、江苏、浙江、江西、湖南、湖北、四川、贵州、云南、广西、广东、福建和台湾等地。日本、朝鲜也有分布。

形态特征：多年生草本植物，株高0.5～1米。宿根粗壮、簇生，形似萝卜状，圆锥形，肉质，表面棕褐色。茎直立，多分枝，有细纵纹，基部有白色丝状毛。叶互生，基生叶抱茎丛生，呈倒披针形或倒卵状披针形，基部的叶片较大，向上逐渐变小，长15～30厘米；叶面呈深绿色，疏生白色丝状毛，叶缘呈羽状深裂，裂片5～8对，边缘呈齿状，齿端具针刺，叶背则呈粉绿色，且叶脉上有长毛。头状花序顶生，总苞钟状，外被蛛丝状毛；总苞片4～6层，披针形，外层较短；花两性，管状，紫红色。瘦果长椭圆形，冠毛多层，羽状，暗灰色。花期4～8月，果期6～8月。

采 收 期：夏季间采全草，秋、冬采根。

药用部分：根或全草。

性味归经：味甘、苦，性凉；入肝、肾经（小蓟入肝、脾经）。

功　　效：凉血、止血、破血、行瘀、消痈肿，内服外敷均有消肿作用。（治疮痈多用大蓟，治肝炎多用小蓟，两者功效基本上是相同的）

主　　治：血热妄行引起的吐血、咳血、衄血、尿血、便血、妇女崩漏、口腔炎、风火牙痛、腮腺炎、阑尾炎、肝癌、烧伤、烫伤、疮痈肿毒、肾炎、高血压。

用　　量：干品 3 ~ 5 钱，鲜品 1 ~ 2 两。

用　　法：水煎服。

 使用注意

脾胃虚寒而无瘀滞者，忌服。

青草组成应用

高血压症	**青草组成：** 大蓟根 1 两、车前子 5 钱、夏枯草 5 钱、野菊花 3 钱、枸杞子 5 钱、杠板归 1 两、羊带来 2 两（鲜品）。 **用法：** 水 4 碗煎 1 碗，第二次用水 3 碗煎 8 分，两次煎汤混合，分两次服。
黄疸型肝炎	**青草组成：** 鲜大蓟根 1 两、茵陈 5 钱、栀子根 5 钱、虎杖 5 钱、白茅根 5 钱。 **用法：** 水 5 碗煎 2 碗，分两次服。
肺结核	**青草组成：** 鲜大蓟根 2 两、夏枯草 5 钱。 **用法：** 水煎两次，早、晚饭后各服一次，服一段时间。
肺脓疡	**青草组成：** 鲜大蓟根 1 两、半枝莲 5 钱、薏仁 5 钱、桔梗 2 钱、鲜鱼腥草 1 两（后下煎 10 分钟）。 **用法：** 水 5 碗煎 2 碗，早、晚饭后各服一次。（或用鲜大蓟根 1 两、鲜鱼腥草 1 两，水煎分两次服）
咳血、吐血、衄血、尿血	**青草组成：** 鲜大蓟根 1 两、鲜白茅根 1 两、猪瘦肉 2 两半。 **用法：** 二药清水洗净，加水 5 碗，煎 2 碗，去渣，加猪瘦肉炖熟，分两次服，饮汤吃肉。

血崩、血色暗滞者	**青草组成：** 大蓟1两、黄柏3钱、红根仔草7钱、地榆炭5钱。 **用法：** 水4碗煎2碗，分两次服。服用5日。
乳糜尿症	**青草组成：** 大蓟根1两、鲜白茅根1两、铁马鞭5钱、玉米须6钱、金钱草5钱。 **用法：** 水5碗煎2碗，分两次服。（或单用大蓟根1两，煎水服，服5日）
月经提前、经色暗、量多	**青草组成：** 大蓟根5钱、山芙蓉花12朵、益母草3钱、鸡蛋2个。 **用法：** 将以上三药研粉末，鸡蛋去壳，取蛋白和蛋黄调匀，用植物油炒熟后加甜酒糟适量，煮开，月经结束时服用，服3日，每日一次。
淋巴结核、支气管扩张	**青草组成：** 大蓟根1两半、猪瘦肉2两。 **用法：** 水4碗，用文火一起炖烂，吃肉饮汤，每日或隔天服一次。
乳腺炎、痈疖	**青草组成：** 鲜大蓟根2两、蒲公英1两。 **用法：** 水5碗煎2碗，早、晚各服一次。并以鲜大蓟根捣烂敷乳头周围。

副鼻窦炎	**青草组成：** 鲜大蓟根3两、土鸡蛋3个。 **用法：** 水5碗，共同煮熟，分2～3次，饮汤吃蛋。
流行性腮腺炎（腮肿）	**青草组成：** 鲜大蓟根1两、酒糟少许、食醋10毫升。 **用法：**先将鲜大蓟根捣烂，再加酒糟和醋，共捣匀敷患处。
阑尾炎	**青草组成：** 大蓟1两半、蒲公英1两、大血藤1两（又名红藤）、香附3钱、咸丰草1两。 **用法：** 水6碗煎2碗，分两次服。连服3～5日。
吐血、衄血	**青草组成：** 大蓟根1两、白茅根（鲜品）1两、小蓟根1两。 **用法：**水6碗煎2碗，分2～3次服。服5日。
烧伤、烫伤（外用方）	**单方：** 干大蓟根1两（焙干，研细末）、麻油少许。 **用法：** 每次用适量的麻油调匀后外敷伤处；或用鲜大蓟根1两钱捣烂，绞汁，煮滚后放凉，外涂伤处。
口腔炎、风火牙痛	**简方：** 鲜大蓟根1两、鼠尾癀1两、灯心草3钱。（后两药不用亦可） **用法：**水5碗煎1碗，第二次用水4碗，两次煎汤混合，待凉后频频含服。

肝癌（民间常用方）	**简方：** 大薊根 3 两、水萹根（三白草根）3 两。 **用法：** （上午煎）：水萹根用水 5 碗煎 1 碗，去药渣。 加白糖适量调匀，上午服之。 （下午煎）：大薊根用水 5 碗煎 1 碗，去药渣。 加白糖适量调匀，下午服之。
带状疱疹	**简方：** 鲜大薊 5 钱、鲜小薊 5 钱、鲜牛乳适量。 **用法：** 将大薊、小薊放入鲜牛乳中浸泡至软，然后取出捣成糊状，外敷患处。

本品根含有生物碱、挥发油。鲜叶含柳穿鱼苷、黄酮类等成分（大薊、小薊均含有生物碱，小薊兼含皂苷成分）。

(1)用于疮痛肿毒，不论内服、外敷，都有散瘀消肿的功效。炒焦黑后使用，能缩短出血时间，专用于止血。

(2)有较显著和持久的降压作用（大薊、小薊均有明显而持久的降压作用）。

(3)大薊、小薊皆能破血，大薊兼治痛肿，小薊则专主止血，不能消肿。

(4)大薊、小薊二味的根、叶，俱苦甘、气平，能升能降，能破血，又能止血。小薊为甘平胜，不甚苦，专以退热去烦，可使火清而血归经。

大叶千斤拔 （舒筋活络，祛风除湿，活血强筋）

科别：豆科（Leguminosae）

学名：*Moghania macropylla*（Willd.）O. kuntze

英名：Large leaf flemingia，Philippine flemingia root，Root of philippine flemingia

别名：红药头、白马屎、一条根、金鸡落地、土黄鸡、老鼠尾、透地龙、牛大力、千里马、牛顿头、土黄昏、吊马桩、千斤吊、大力黄、千尾荡、三股丝、金牛尾、千金坠、红豆草、牛得巡、大叶千勮拔、绿叶佛来明豆、千斤红、千斤不倒、假乌豆草、皱面树。

原 产 地：中国。

分　　布：常生长于旷野草地上或灌丛中，山谷路旁和疏林阳处亦有生长。分布云南、四川、广东、广西、江西、福建等地。

形态特征：直立性亚灌木，株高 1 ～ 3 米，嫩枝密生黄色短柔毛。指状三复叶互生。顶生小叶宽披针形，长 6 ～ 20 厘米，宽 2.5 ～ 9 厘米，先端尖，具短尖，基部圆楔形，叶面几无毛，叶背沿叶脉有黄色柔毛，基出脉 3 条，侧生小叶较小，偏斜，基出脉 2 条；叶柄有狭翅和短栗毛。总状花序腋生，花多而密，序轴与花梗均密生淡黄色短柔毛；萼钟状，萼齿 5，披针形，最下面一齿较长，外面有毛；蝶形花冠紫红色，长约 1 厘米；子房有丝毛。椭圆形荚果，长约 1 厘米，熟时呈褐色，有短柔毛。种子 1 ～ 2 颗，球形，黑色。花期 7 ～ 9 月。

采 收 期：秋、冬季采集。洗净，切片晒干备用。

药用部分：根。

性味归经：味甘、淡、涩，性平；入肝、肾、脾经。

功　　效：祛风湿、强壮腰骨、健脾胃。

主　　治：腰肌劳损、气虚脚肿、风湿骨痛、劳伤久咳、咽喉肿痛、肾虚阳痿、偏瘫痿痹、坐骨神经痛、风湿性关节炎、妇女月内风、久年风伤、气虚体弱。

用　　量：干根 5 钱 ~ 2 两。

用　　法：水煎服。

 使用注意

本品常搭配一条根、黄金桂合用，治疗久年风痛。（本品可与蔓性千斤拔互用）

青草组成应用

四肢酸痛

青草组成：
大叶千斤拔1两、虱母子头1两、软枝楖梧1两、埔盐根5钱、白龙船花头5钱、红骨蛇5钱、红骨掇鼻草头5钱、番仔刺头1两、猪排骨4两。

用法：
10碗水煎3碗，去渣。加猪排骨炖烂，分三次服。或煎水服。

坐骨神经痛

青草组成：
大叶千斤拔1两半、刺拔仔根1两、楖梧头5钱、山埔盐根1两、红血藤5钱、番仔刺头1两、黄金桂5钱、猪排骨4两、野山葡萄根2两、鸡血藤2两。

用法：
水10碗煎3碗，去渣。加酒少许，炖猪排骨，炖烂，分三次服。

腰背酸痛

青草组成：
大叶千斤拔1两、走马胎1两、白肉穿山龙5钱、黄金桂5钱、楖梧头1两、小本牛乳埔1两、一条根5钱、杜仲3钱、续断3钱、巴戟天3钱、狗脊2钱、猪排骨4两。

用法：
水10碗煎3碗，去渣。加猪排骨炖烂，分三次服用。

小便余沥不尽

青草组成：
大叶千斤拔2两、白石榴1两、白龙船根2两。

用法：
水8碗，加猪排骨5两，煎成2碗，早晚各服一次。

男女肾亏、膀胱无力

青草组成：

大叶千斤拔 1 两、小本山葡萄 1 两、小本牛乳埔 5 钱、红骨鸡屎藤 5 钱、白粗糠 1 两、公猪小肚 1 个。

用法：

水 6 碗，加入公猪小肚，炖烂分两次服。或煎 2 碗再炖猪小肚服。

小便似米泔水兼腰酸背痛

青草组成：

大叶千斤拔 5 钱、白龙船花头 1 两、白花虱子母头 1 两、小本牛乳埔 5 钱、白肉豆根 1 两、小本山葡萄 5 钱、白粗糠根 1 两、蚶壳草 5 钱、黄金桂 5 钱、千斤拔 3 钱、猪小肠（约一尺长）。

用法：

第二次洗米水 8 碗煎 3 碗，去渣。加猪小肠炖烂，分三次服。

下消症

青草组成：

大叶千斤拔 1 两、白粗糠 1 两、过山香 5 钱、白肉豆根 1 两、白石榴 5 钱、王不留行 5 钱、鳝鱼 1 条。

用法：

水 3 碗，酒 3 碗，煎 2 碗，加鳝鱼炖熟，分两次服。

下消、白带、腰酸痛

青草组成：

大叶千斤拔 1 两、白肉豆根 1 两、小本山葡萄 1 两、白花虱母子头 1 两、桂花根 1 两、白龙船花根 1 两。

用法：

水 8 碗煎 3 碗，去渣。加猪小肠炖熟，分三次服。

小儿夜尿、频尿

青草组成：

大叶千斤拔 5 钱、小本山葡萄 3 钱、土人参 5 钱、牛乳埔 3 钱、金樱根 2 钱、红鸡屎藤 3 钱。

用法：

水 3 碗煎 8 分，第二次用水 2 碗半煎 6 分，早、晚各服一次。

腰酸背痛、肾虚腰痛

青草组成：

大叶千斤拔 1 两、白肉穿山龙 5 钱、一条根 3 钱、黄金桂 3 钱、走马胎 5 钱、牛乳埔 1 两、土牛膝 5 钱、五龙兰 5 钱、上枸杞根 5 钱、芙蓉头 5 钱。

用法：

水 8 碗煎 3 碗，去渣。加猪尾骨 1 条，炖烂，分三次服。

腰背酸痛、膏肓痛、坐骨神经痛

青草组成：

大叶千斤拔 5 钱、红骨蛇 5 钱、红藤 5 钱、倒抛麒麟 7 钱、小本山葡萄 5 钱、牛乳埔 5 钱、黄肉川七 3 钱、泥布青 5 钱、小血藤 5 钱、桑寄生 5 钱、茜草 3 钱、龟板 5 钱、猪尾骨 1 条。

用法：

水 8 碗煎 3 碗，去渣。加猪尾骨 1 条，炖烂，分三次服。

加减方：

手部加桂尖 5 钱、油松节 5 钱。脚部加石楠藤 5 钱、牛膝 5 钱。

大仙茅（温肾壮阳，祛寒除湿，散瘀消肿）

科别：仙茅科（Hypoxidaceae）

学名：*Curculigo capitulata*（Lour.）O. Kuntze

英名：Largeleaf curculigo，Palm grass，Weevil palm

别名：大叶仙茅、船仔草、大地棕、岩棕、船子草、船形草、地棕根、独茅根、独脚仙茅、独脚丝茅、山棕、地棕、竹灵芝、千年棕、番龙草。

原　产　地：中国南部、印度、马来西亚及澳洲热带地区。

分　　　布：生于高山林下。分布陕西、湖北、湖南、甘肃、四川、广西等地。

形态特征：多年生草本植物。根茎粗短块状，株高 50 ~ 100 厘米。单叶，根生，具叶柄，柄长 20 ~ 60 厘米，基部呈阔鞘状；叶片长 30 ~ 90 厘米，宽 8 ~ 15 厘米，长椭圆状披针形，随叶脉折叠而曲折，基部楔状，先端尖，全缘，叶面光滑，叶背则疏被褐色长毛。头状花序或短穗状花序，花茎长 10 ~ 30 厘米，密被柔毛，春、夏间开黄花，花具短梗；苞片阔披针形，被毛；花梗短；花被长 1 ~ 1.2 厘米，卵形，平展，被毛，内侧光滑；花丝短；花药长椭圆形，直立；花柱纤细，柱头呈微三角形或为 3 裂。果实为浆果，径 0.3 ~ 0.6 厘米，椭圆状球形，被软毛，熟时 3 瓣裂，内具种子多粒；种子细小，球形，有光泽，黑色。

采　收　期：夏、秋季采根。洗净，除去须根。晒干备用。

药用部分：根茎。

性味归经：味苦、涩，性平，有微毒；入肾经。

功　　效：补虚、祛风湿、行血、补肾固精、镇静健脾、妇女调经。（本品兼有润肺化痰、止咳平喘作用）

主　　治：虚劳咳、遗精、白浊、白带、崩漏、腰脚腿软痛、骨痛、阳痿、小便频数、遗尿、腹脘冷痛、寒湿痹痛、风湿、脾痛。

用　　量：1 钱半 ~ 3 钱。

用　　法：水煎服。

使用注意

肾火炽盛者忌用。

青草组成应用

小便白浊

青草组成:
大仙茅根 2 钱、水茗根 5 钱、白鸡冠花 5 钱、白花草 5 钱、土人参 1 两、白肉豆根 1 两。

用法:
水 6 碗煎 2 碗,加猪蹄脚 1 节,炖烂,分两次服。

无名肿毒

单方:
鲜大仙茅根适量。

用法:
捣烂,外敷患处。

妇女月经不调

青草组成:
大仙茅根 2 钱、白花益母草 4 钱、香附 2 钱半、铜锤玉带草 5 钱、红糖 5 钱。

用法:
水煎两次,去药渣。冲红糖服。连服 3 ～ 5 日。

肾阳不足引起阳痿、遗精	**配伍：** 大仙茅根、山茱萸3钱、肉苁蓉3钱、锁阳、淫羊藿、巴戟天等合用。
顽固性湿痹痛、腰膝冷痛等症	**配伍：** 大仙茅根、独活、杜仲、附子、狗脊等合用。
妇女更年期综合征	**症状：** 冲任失调，虚火上升，见眩晕耳鸣、经期紊乱、心烦易怒、闭经，以及慢性疾病具有肾阴、肾阳不足而虚火上炎者。 **中药组成：** 仙茅3钱、淫羊藿3钱、黄柏2钱、知母2钱、巴戟天3钱、当归3钱。 **用法：** 水煎两次服。或随症加减治疗。

大飞扬草（清热利湿，解毒止痒，止痢止血）

科别：大戟科（Euphorbiaceae）

学名：*Euphorbia hirta* L.

英名：Garden euphorbia, Centiped euphorbia

别名：大本乳仔草、神仙对坐草、大乳汁草、大地锦草、飞扬草、大飞扬、乳仔草、红骨大本乳仔草、羊母奶、奶子草、对牙草、大飞羊、飞扬、节节花、蚶刈草、猫仔黄、大乳草、木本奶草、金花草、蜻蜓草、白乳草、过路蜈蚣、蚂蚁草、天泡草、九歪草、假奶子草、癣药草、奶母草。

原　产　地：东南亚。

分　　　布：生于旷地、路旁、园边。分布广东、广西、福建等地。产广东、福建等地。

形态特征：一年生草本植物，茎具匍匐性，基部多分枝，茎斜上或直立，株高 10～40 厘米；全草淡红色或紫红色，被有细刚毛，具有丰沛乳汁。单叶对生，具短叶柄，卵形至椭圆形披针形，基部偏斜，呈歪楔形或稍呈圆形，叶尖锐形，叶缘为微锯齿缘，叶面疏生细刚毛，叶背略呈黄色，被细刚毛，具托叶，梳状线形，叶长 2～4 厘米，宽 0.8～1.5 厘米。花期 8～10 月，聚伞花序排列成头状，着生于叶腋，总花梗细长，线体广椭圆形，单性花，花密而小，雌雄同株异花，绿色或淡紫红色，雄花无花被，雌花位于总苞中央，亦无花瓣，雌花柱头 3 枚，子房 3 室。果实为蒴果，呈三棱形，成熟时紫红色，被弯曲短毛，约 0.12 厘米。种子卵形，亦呈三棱状，表面有细皱纹。

采 收 期：夏、秋季采集。洗净，晒干备用。

药用部分：全草。

性味归经：味微辛、苦、酸，性凉；入肝、肺、大肠经。

功　　效：祛风除湿、清热解毒、渗湿止痒、通乳。（本品有祛风、收湿止痒、清大肠湿热、止血等作用）

主　　治：皮肤搔痒诸症、湿疹、皮肤疹，尤适宜湿性湿疹、体癣、脚癣、疱疹。湿热泄泻、下痢、肠炎、细菌性痢疾、通乳、乳腺炎、摄护腺肥大、骨刺、尿酸、尿血、小便不利、缺乳。

用　　量：干品 5 钱～2 两。

用　　法：水煎服。

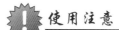

使用注意

体虚者少服。

大飞扬含有槲皮素、鼠李素、蒲公英赛醇、黄酮苷、三萜、酚类等。

青草组成应用

细菌性痢疾	**青草组成：** 大飞扬1两半、车前草5钱、凤尾草1两、青蒿5钱。 **用法：**水8碗煎3碗，当茶服。连服3～5日。
尿血、小便不顺	**青草组成：** 大飞扬1两、白茅根1两、小蓟根5钱、珍冬毛5钱。 **用法：**水6碗煎2碗，分两次服。
摄护腺肿大、小便不通	**青草组成：** 鲜大飞扬2两、鲜白刺杏2两、车前草5钱、鲜白茅根2两、含羞草5钱、白毛藤2两。 **用法：**水10碗煎3碗，当茶饮。
尿酸	**青草组成：** 大飞扬1两半、白鹤灵芝草头2两、有骨消1两。 **用法：** 水8碗煎3碗，当茶饮。或随症加减。
带状疱疹（外敷方）	**简方：**鲜大飞扬1两、雄黄5分。 **用法：** 先将大飞扬捣烂取汁，加入雄黄调匀涂患处。
细菌性痢疾	**青草组成：** 鲜大飞扬1两、鲜车前草5钱、鲜败酱草1两。 **用法：**水6碗煎2碗，分两次服。服5日。
小儿头脸黄水疮、湿疹	**单方：**鲜大飞扬1两（洗净）。 **用法：** 捣烂，榨取自然汁，外涂患处，或敷患处。

小便赤涩尿频	**青草组成：** 小飞扬 1 两、车前草 5 钱、立枝牛筋草头 2 两、黑糖适量。 **用法：** 水 8 碗煎 3 碗，去渣。加入黑糖溶化调匀当茶饮。
疳积	**简方：** 小飞扬 7 钱、马兰 5 钱、一枝黄花 5 钱、豆腐 1 两。 **用法：** 先将以上 2 味药材洗净，加水 4 碗煎 1 碗半，去渣。加入豆腐煮熟，分两次服。
细菌性痢疾	**青草组成：** 小飞扬 1 两、凤尾草 1 两、铁苋菜 5 钱、红花山茶花 2 钱。 **用法：** 水 6 碗煎 2 碗，分两次服。服 6 日。
细菌性痢疾	**青草组成：** 小飞扬 5 钱、四叶景天 1 两（小叶马齿苋）、车前草 5 钱。 **用法：** 水 5 碗煎 2 碗，分两次服。服 3 ~ 5 日。
痢疾、赤痢	**青草组成：** 小飞扬 1 两、凤尾草 1 两、龙葵头 1 两、水丁香 1 两、含壳草 5 钱、冰糖 1 两。 **用法：** 青草药洗净后加水 8 碗煎 3 碗，主渣。加冰糖，溶化，分三次服。

小驳骨丹（祛风除湿，活血散瘀，消肿止痛）

科别：爵床科（Acanthaceae）

学名：*Justicia gendarussa* Burn. f.

英名：Common gendarussa

别名：驳骨丹、接骨草、接骨筒、乌骨黄藤、小驳骨、尖尾凤、尖尾凤、驳骨草、里篱樵、四季花、接骨铜、尖尾峰、竹兰、细叶驳骨兰、臭黄藤、小泽兰、田串、大力王。

原 产 地：中国、马来西亚、菲律宾。

分　　布：生于山地阴湿处、沟谷间。常栽培作绿篱。分布广东、台湾、广西等地。

形态特征：草本状的常绿小灌木，株高0.8～1.5米，全株光滑。茎直立，圆柱形，茎节部膨大，多分枝，小枝有四棱线，略带紫色，无毛。叶对生，具短柄，披针形，长4～14厘米，宽1～2厘米，先端渐尖，基部楔形，全缘，叶面青绿色，叶背黄绿色，光亮。初夏开花，穗状花序顶生或生于上部叶腋内，长4～10厘米，有时分枝，花簇生，下部花束常疏离，常有叶状的圆锥形花丛；花乳白色或带粉红色，有紫斑，萼5裂，花冠唇形，每花有一对小苞片。蒴果棒状，无毛。

采 收 期：全年可采集。洗净，晒干备用。

药用部分：全株（地上部茎叶）。

性味归经：味辛、微酸，性平、微温；入肺、肝经。

功　　效：祛风湿、跌打损伤、续筋接骨、祛瘀生新。

主　　治：跌打扭伤、风湿性关节炎、骨折、续断骨、兼治风邪、解酒毒、黄疸、四肢神经痛、经痛、咳嗽、疮疡肿毒。

用　　量：干品3钱~1两。

用　　法：水煎服。

使用注意

本品不宜过量使用，否则将使体温下降、剧泻等。孕妇忌服。

青草组成应用

骨折	**青草组成：** 鲜小驳骨丹叶 1 两（或用根皮亦可）、鲜接骨木叶 5 钱、鲜土杜仲叶（扶芳藤）1 两。 **用法：** 先将断骨复位后，用小夹板固定，再将三味药捣烂，外敷伤处。
跌打扭伤、风湿性关节炎、妇女经痛	**简方：** 干小驳骨丹 5 钱～1 两（洗净）。 **用法：** 水 3 碗煎 8 分服之。
跌打扭伤、骨折	**简方：** 干小驳骨丹 2 两，酒、醋适量。 **用法：** 研细末，每次用适量调酒、醋外敷患处。或用鲜品 5 钱～1 两，煎水服。服后会呕吐。
妇女月经不调、经痛	**青草组成：** 小驳骨丹 3 钱、丹参 8 钱、白益母草 5 钱、鸡冠 5 钱、月季花根 5 钱。 **用法：** 水 4 碗煎 1 碗，渣以水 3 碗半煎 1 碗，两次煎汤混合，早、晚各服一次。经前 10 天起连服 5 天。
无名肿毒	**单方：** 鲜驳骨丹 1 两。 **用法：** 捣烂，外敷患处。

药理 本品使用时剂量不宜过大，若过大会使体温降低，甚至剧泻，引起休克而死亡。

脚酸痛 （外敷方）	**青草组成：** 小驳骨丹 1 两、艾草 1 两、艾纳香 1 两、樟脑枝叶 1 两、米酒半瓶。 **用法：** 水 5 碗煎浓汁，去渣。加入米酒再煮一沸，趁温用毛巾沾药液热敷酸痛处，连续数次。
肋间神经痛、骨折、扭挫伤、风湿痹痛	**青草组成：** 干小驳骨丹 8 钱、铁雨伞根 1 两、双面刺 5 钱、泽兰 5 钱、九节茶 5 钱。 **用法：** 水 6 碗煎 2 碗，分两次服。
打伤内伤疼痛	**便方：** 鲜小驳骨丹 5 钱～1 两、米酒半碗。 **用法：** 水 2 碗，酒半碗，煎 8 分至 1 碗服。服后会呕吐，即愈。
经闭腹痛	**青草组成：** 小驳骨丹 3 钱、白花益母草 5 钱、土牛膝 4 钱、香附 3 钱、月季花 2 钱。 **用法：** 水 3 碗煎 2 碗，分两次服。
妇女经痛	**青草组成：** 小驳骨丹 3 钱、延胡索 3 钱、香附 3 钱、白花益母 5 钱。 **用法：** 水 5 碗煎 2 碗，分两次服。

 小驳骨丹含有生物碱与挥发油。

小飞蓟（益肝利胆，清热解毒）

科别：菊科（Compositae）

学名：*Silybum marianum* L.

英名：Holy thistle，Blessed thistle，Milk thistle

别名：飞蓟、水飞雉、奶蓟、老鼠簕、洋白蓟、牛奶蓟、北美奶蓟草、刺蓟菜。

原 产 地：欧洲、地中海地区、北非以及亚洲中部。

分　　布：生性强健，生于通风、凉爽、干燥和阳光充足的荒滩地、盐碱地等处。我国江苏、陕西、北京等华北、西北地区有引种栽培。

形态特征：一年生或二年生草本植物。茎直立，高30～200厘米，多分枝，光滑或被蛛丝状毛，有纵棱槽。叶互生，基部抱茎，基生叶大，常平铺地面，成莲座状，茎生叶较小，长椭圆状披针形，深或浅羽状分裂，缘齿有尖刺，表面亮绿色，有乳白色斑纹。春、夏间开淡紫红色管状花，花两性；头状花序直径3～6厘米，单生枝顶，总苞宽球形，总苞

片革质，顶端有长刺；管状花紫红色、淡红色或少有白色。果期 6 ~ 7 月，瘦果长椭圆形，暗褐色或黑色。有纵条纹和白色斑纹；冠毛多数，白色，不等长，基部合生成环。

采 收 期：夏、秋间采果序种子。

药用部分：全草，主要用种子。

性味归经：味甘，性凉（苦、凉）；入肝、脾经。

功　　效：益肝、利胆、健脑、清热、解毒、抗 X 射线。

主　　治：肝胆病、肝炎、胆囊炎、胆结石、黄疸、脾脏炎、痈肿、急性肝炎、慢性肝炎、肝硬化、脂肪肝、代谢中毒性肝损伤。

用　　量：一般用 5 钱 ~ 2 两。干品用 3 ~ 5 钱，鲜品者可用 1 ~ 2 两。

用　　法：水煎服。

 使用注意

小飞蓟与小蓟功效略有不同。小蓟对于脾胃虚寒无瘀滞者忌服。

 药理

(1) 小蓟与大蓟功效相似，但治疗痈肿疮毒的作用较大蓟稍弱。小蓟用于出血症外，又用于高血压、肝炎、肾炎等症。（小蓟与大蓟均有较显著而持久的降压作用）。

(2) 小蓟有较显著而持久的降压作用，而且有利胆作用，还可降低血液中的胆固醇。

(3) 鲜小蓟根，性凉濡润，善入血分，最清血分之热，凡咳血、吐血、衄血、尿血、便血之因热者，服之皆有效。

◎ 小飞蓟：种子含有水飞蓟宾（silybin），有抑制肝炎作用。

青草组成应用

妇女倒经	**简方：** 小飞蓟 2 两、灶心土 5 钱。 **用法：** 水 4 碗煎 9 分，渣用水 3 碗煎 8 分，两次煎汤混合，分两次服。
妇女月经不调	**简方：** 小飞蓟花 5 钱、月季花 3 钱、玫瑰花 3 钱、益母草 5 钱、香附 3 钱、丹参 3 钱、白芍 3 钱。 **用法：** 水 3 碗煎 9 分，渣用水 2 碗煎 8 分，两次煎汤混合，加米酒适量，分 2 ~ 3 次服。
妇女功能性子宫出血	**单方：** 鲜小飞蓟根 2 两（用清水洗净）。 **用法：** 水 4 碗煎 1 碗，第二次煎，用水 3 碗半煎 8 分，两次煎汤混合，分两次服。
孕妇生产后子宫收缩不全、恶露不尽者	**单方：** 小飞蓟全草 1 两半、川芎 3 钱、当归 3 钱、阿胶 3 钱、艾草 3 钱。 **用法：** 水 4 碗煎 1 碗，渣以水 3 碗煎 8 分，两次煎汤混合，分两次服。
传染性肝炎	**简方：** 鲜小飞蓟根 2 两（取用干品时，用量为 1 两）、山芝麻 2 两、白砂糖 2 两。 **用法：** 水 5 碗煎 2 碗，去渣。加糖溶化，分次服。

 小飞蓟含生物碱、皂苷等成分。

血尿、小便不利	**青草组成：** 鲜小飞蓟根 1 两、鲜白茅根 1 两、车前草 8 钱。 **加减：** 血尿者用以上药三味青草药煎水服。若小便不利者，再加海金沙藤（珍冬毛仔）5 钱。 **用法：** 水 6 碗煎 3 碗，分三次服。连服 3 ～ 5 日。
吐血、衄血（鼻血）	**青草组成：** 小飞蓟根 8 钱、鲜白茅根 1 两、大蓟根 8 钱。 **用法：** 水 5 碗煎 2 碗，分两次服。服 3 ～ 5 剂。
慢性肝炎午后潮热、失眠者	**单方：** 鲜小飞蓟根 1 两、白糖 5 钱。 **用法：** 水 3 碗煎 1 碗，去渣，加白糖调服。
治尿血	**配伍：** 小飞蓟、栀子、蒲黄、生地等药合用。 **方药：** 如小蓟饮子：生地黄 4 两、小飞蓟根 5 钱、栀子仁 5 钱、炒蒲黄 5 钱、滑石 5 钱、通草 5 钱、淡竹叶 5 钱、藕节 5 钱、酒当归 5 钱、炙甘草 5 钱。 **用法：** 上药共研粗末，每次 4 钱，水煎，饭前服。 **备注：** *小蓟饮子：功能凉血止血、利水通淋。* **主治：** *下焦结热、血淋或尿血症。*

 抗菌试验

本品对小鼠有止血作用。对肺炎球菌、白喉杆菌、链球菌以及结核杆菌均有抑制作用。

小本山葡萄 （祛风利湿，舒筋活络，补肾明目）

科别： 葡萄科（Vitaceae）
学名： *Vitis thunbergii* Sieb. & Zucc.
英名： Taiwan wild grape
别名： 山葡萄、小山葡萄、细本山葡萄、小号山葡萄、细叶山葡萄、小叶葡萄、蘡奥、野葡萄藤、烟黑。

原 产 地：中国、韩国、日本。

分　　布：自生于中国台湾平地以及山麓丛林内，中、高海拔地带也偶尔可见其踪迹。

形态特征：多年生藤本植物，茎基为木质的藤木，幼枝有棱，幼嫩部分被有红褐色绵毛。卷须与叶互生，上端常卷曲或攀缠他物，叶具柄，纸质，三角状卵形，3裂，间呈不显明的5裂，疏粗锯齿缘，裂片阔卵形，先端锐，基部心形，叶面绿色，背面具苍白色或灰色，具红褐色绵毛，长与宽均约为3厘米。早春开花，圆锥花序或聚伞状穗状花序与叶对生，花序长5～8厘米，花密生，小形，花瓣顶端合生，开花时全体脱落。浆果球形，成熟时紫黑色，构造类似巨峰葡萄，内藏种子2～3粒。

采 收 期：全年，盛产期为春季。洗净，切段，晒干备用。

药用部分：根、茎、叶。

性味归经：味甘、微涩，性平，酒制后性微温；入肝、胃、脾、肺经。

功　　效：舒筋活血、补肾、强肝明目、补血、消炎祛风、促进发育、调经行血。全草：祛湿消肿、化瘀止痛、

清热解毒、凉血止血。

主　　治：眼疾、肾亏、风湿关节炎、肺疾、肝炎、无名肿
　　　　　毒、乳痈、月经不调、痛经。（小山本葡萄主要用
　　　　　于肾脏、肝病、肺病、眼睛疾病等）

用　　量：干品1~2两。

用　　法：水煎服。

使用注意

便秘、胃溃疡者需加缓便青草药，以利通便。

青草组成应用

腰脊椎骨酸痛	**青草组成：** 小本山葡萄 1 两、番仔刺 1 两、白粗糠 1 两、土烟头 5 钱、一条根 5 钱、白埔姜 5 钱、黄金桂 5 钱。 **用法：** 水 4 碗，酒 4 碗，加猪排骨 5 两，炖剩 3 碗，早晚饭后以及睡前各服 1 碗。或煎汤炖排骨服。
腰脊劳损引起酸痛	**青草组成：** 小本山葡萄 1 两半、狗脊 5 钱、杜仲 3 钱、红骨蔡鼻草 5 钱。 **用法：** 水 3 碗，酒 3 碗，煎 2 碗，早晚饭后各服一次。
风湿性关节炎	**单方：** 小本山葡萄根 2 两半、猪脚蹄 2 节（2 寸长）。 **用法：** 水 3 碗，酒 3 碗，共炖剩 2 碗，分两次服。
筋骨久年酸痛	**青草组成：** 小本山葡萄 1 两半、五加皮 5 钱、骨碎补 4 钱、桑寄生 5 钱、番仔刺 1 两、狗脊 3 钱、续断 3 钱。 **用法：** 水 3 碗，酒 3 碗，煎 2 碗。早晚饭后各服一次。
风湿痛、四肢酸麻	**青草组成：** 小本山葡萄 1 两、白肉穿山龙 8 钱、番仔刺头 1 两、芙蓉头 8 钱、红血藤 6 钱、倒吊风 5 钱。 **用法：** 水 8 碗煎 3 碗，去渣。炖猪脚 2 节（2 寸长）加酒少许，分三次服。
胎动不安	**简方：** 小本山葡萄 1 两半、杜仲 3 钱。 **用法：** 二味加水煎，去杜仲。早、晚各服一次。

小便残尿不尽	**青草组成：** 小本山葡萄 1 两半、红药头 1 两、白龙船花头 1 两、白石榴 5 钱、桂花根 5 钱、大金樱 5 钱、猪排骨 4 两。 **用法：** 水 6 碗煎 2 碗，炖猪排骨，早晚饭前各服一次。
小孩体虚发育不良、小便白浊	**简方：** 小本山葡萄 1 两、小本牛乳埔 5 钱、蛇总管 1 两、白龙船花头 1 两、蚶壳草 5 钱、万点金 5 钱、土豆藤 5 钱、小本丁竖杇 5 钱、猪小肚 4 两。 **用法：** 第二次洗米水 8 碗煎 2 碗，炖猪小肚，早晚饭前各服一次。
尿酸症	**青草组成：** 小本山葡萄 1 两半、鸭公青 1 两、一条根舅 1 两、山芙蓉 5 钱、龙眼菇 5 钱。 **用法：** 水 6 碗煎 2 碗，分两次服。
头风、头痛	**青草组成：** 小本山葡萄 1 两、艾草根 1 两、山泽兰 1 两、白龙船花头 1 两、红骨蛇 1 两、猪瘦肉 4 两。 **用法：** 水 8 碗煎 3 碗，加猪瘦肉，炖烂，分三次服。
尿酸症	**青草组成：** 小本山葡萄 1 两、黄金桂 1 两、栀子根 5 钱、龙眼菇 8 钱、大叶桉 8 钱、丁竖杇 5 钱、磅磄草 1 两。 **用法：** 水 8 碗煎 3 碗，当茶饮。
尿酸症	**青草组成：** 小本山葡萄 1 两、鸭公青 1 两、龙眼菇 1 两、腰只草 5 钱、一条根舅 8 钱。 **用法：** 水 8 碗煎 3 碗，分三次服。

山香（疏风解表，祛风止痛，活血散瘀）
（种子：整肠，健胃助消化）

科别：唇形科（Labiatae）

学名：*Hypits suaveolens* L.

英名：Wild spikenard，Basil

别名：山粉圆、香苦草、狗母苏、假藿香、假走马风、毛老虎、山薄荷、白狗苏、白紫苏、臭屎婆、臭狗苏、臭嚩子、逼死蛇、逼地蛇、黄黄草、大还魂、毛射香、药黄草。

原产地：热带美洲。

分　　布：生于林边、路旁草地上、开旷荒地上，或栽培于庭园、屋旁。分布于广东、广西、台湾等地。

形态特征：一年生草本，株高 50 ~ 150 厘米。茎方形，直立，粗壮，多分枝，多少被平展刚毛。单叶对生，叶片薄纸质，卵形至阔卵形，长 3 ~ 11 厘米，宽 2 ~ 9 厘米，愈向上部的愈小，先端略钝，基部浑圆或浅心形，边缘细锯齿状，两面均被疏柔毛和腺点，搓揉碎后有香气。夏秋季开花，花腋生，聚伞花序有花 2 ~ 4 朵，于枝上排列成假总状或圆锥状花序，无花梗或花单生而具短花梗；萼筒状，先端五裂，花苞时长 0.4 ~ 0.5 厘米，但很快就长大而长达 1 ~ 1.2 厘米，有 10 脉，极隆起，被长柔毛及肉色腺点；花冠二唇形，蓝紫色，长 0.6 ~ 0.8 厘米，上唇 2 圆裂，裂片外反，下唇 3 裂，侧裂片与上唇裂片相似，但中裂片呈囊状。小坚果扁长形，熟时呈暗褐色或黑色。果期为秋冬季。

采收期：夏、秋季采集。洗净，切碎，晒干备用。

药用部分：茎、叶、种子、全草。

性味归经：味辛、苦，性凉（微温）；有香气。

功　　效：全草：疏风解表、祛风镇痛、解毒、活血散瘀、止痛、感冒驱风药。种子：整肠、健胃助消化。

主　　治：全草：感冒风热、头痛、胃肠胀气、颈淋巴癌、肺积水、肋膜炎、皮肤病、湿疹、跌打肿痛、风湿骨痛、创伤出血、疟疾。种子：内外痔、便秘、胃肠火、腹泻、筋骨炎、皮肤美白、糖尿病、降肝火。

叶：创伤、头痛。

用　　量：全草5钱～3两。

用　　法：水煎服。

使用注意

滑肠者慎用种子。

青草组成应用

颈淋巴瘤

青草组成：
山香根1两、夏枯草5钱、鼠尾癀5钱、蛇莓1两、半枝莲5钱。

用法：
水5碗煎2碗，分两次服。或炖青壳鸭蛋2个服。

湿疹、皮肤痒

单方：鲜山香全草8两（洗净）。

用法：
水煎浓汁，外洗患部。

蛇咬伤

单方：鲜山香叶1两。

用法：
捣烂，外敷伤口周围。

感冒头痛

单方：山香根1两半、红骨蛇根茎1两、防风3钱、川芎2钱。

用法：
水5碗煎2碗，分两次服。或单用山香根2两，煎水服。

跌打内伤

青草组成：
山香根1两、一条根8钱、威灵仙3钱、骨碎补3钱。

用法：水5碗煎2碗，加米酒冲服。分两次服。

感冒

青草组成：
山香5钱、鸭公青5钱、岗梅5钱、走马胎5钱、马鞭草5钱、伤寒草5钱、艾纳香5钱、白石榴5钱、羊带来5钱、牛乳埔5钱。

用法：
水8碗煎3碗，分三次服。

感冒食欲不振	简方：山香 1 汤匙、姜片 5 钱、黑糖适量。 用法： 水 6 碗煮开后放入山香与姜片，黑糖煮 10 ~ 15 分钟食之。
淋巴腺瘤、恶瘤毒疮	简方：山香根 6 两、青壳鸭蛋 2 个。 用法： 水 6 碗煎 3 碗，去渣。加青壳鸭蛋，炖 50 分钟，分 2 ~ 3 次服。取蛋搓揉患处吸瘤毒气，用过的蛋不可以吃。
感冒头痛	单方：山香根 100 克（洗净）。 用法： 水 5 碗煎 1 碗，第二次煎用水 4 碗半煎 1 碗，两次煎汤混合，分两次服。
预防中暑	单方： 山香（种子）30 ~ 60 克、黑糖 30 克。 用法：煮熟食。
山香种子的功用	功效： 内外痔、便秘、胃肠火、整肠、保胃助消化、清凉、降肝火。 主治：腹泻、皮肤白皙、筋骨火、糖尿病。 用法： 山香种子 1 汤匙，加水 6 碗，水煮开后放入 1 汤匙山香再煮 10 ~ 15 分钟，加冰糖食用。冷热味道皆佳，可当点心食用。 备注： 糖尿病患者不加冰糖，可加甜菊 5 ~ 10 片同煮食用。

山素英 （补肾明目，行血活络，通经理带）

科别：木犀科（Oleaceae）

学名：*Jasminum nervosum* Lour.

英名：Mountain jasmine

别名：山秀英、素英花、山四英、赐容花藤、白鹭鸶花、素茶花、清明花、白茉莉、白苏英。

原 产 地：中国南部，至印度。

分　　布：山区，或人工栽培。分布中国南部各地区。

形态特征：蔓性常绿灌木。全株光滑无毛，小枝柔软，幼时略被毛。叶对生，革质，具柄短，卵状长椭圆形或卵状披针形，先端渐锐尖，基部钝圆，长2.5～5厘米，宽1～2.5厘米，全缘。春、夏间开白花，花单生或数朵丛生于小枝端，具有芳香味，花冠白色，呈长筒形，7～12裂，裂片线状长椭圆形，先端锐尖；萼筒形，5～6裂，裂片线形。浆果球形，熟时黑色。

采 收 期：全年可采集。洗净，晒干备用。

药用部分：全草或根、茎。（治风湿症时，用根酒蒸后应用）

性味归经：味微苦、甘，性平；入肝、肾、脾经。

功　　效：行血、补肾、明目、理带、活络通经。

主　　治：眼疾、腰酸、发育不良、梅毒、妇女白带、咽喉肿痛、扁桃腺炎、感冒咳嗽、急性胃肠炎、痢疾、风湿性关节炎、跌打伤、发育不良、败肾。

用　　量：干品 5 钱 ~ 2 两。

用　　法：水煎服。

青草组成应用

小便浮油

青草组成：
山素英1两、白粗糠头2两、金樱根5钱、白刺杏根5钱、白肉豆根5钱、猪瘦肉3两。

用法：水6碗煎2碗，去渣。加猪瘦肉，炖熟。早、晚饭前各服1碗。

肾脏病、水肿

青草组成：
山素英2两、白埔姜1两半、丁竖杇1两、猪排骨3两、水丁香1两。

用法：加水炖烂，分两次服。

眼雾刺涩、翳膜

青草组成：
山素英1两、千里光5钱、枸杞根1两、叶下珠5钱、草决明5钱、小本山葡萄1两、白菊花3钱、谷精子5钱。

用法：水8碗煎2碗，去渣。加鸡肝连胆2副。炖烂，分两次服，饮汤食鸡肝。

腰痛透脊椎骨或痛游走不定处

青草组成：
山素英1两、小本山葡萄1两、白肉穿山龙5钱、白马屎5钱、白马鞍藤5钱、椿根3钱、桑寄生3钱、狗脊3钱、白龙船花头3钱、桂枝2钱、牛膝2钱、番仔刺5钱。

用法：水4碗，酒4碗，煎3碗。加猪脊椎骨一条，炖烂，分三次服。

头痛

青草组成：
山素英1两、大风草1两、鸭公青1两、七叶埔姜头1两、艾草5钱、鸭头1个。

用法：
水8碗煎3碗，加鸭头1个，炖熟，分三次服。

风湿筋骨痛	**青草组成：** 山素英5钱、红骨蛇5钱、双面刺5钱、大叶千斤拔6钱、蔡鼻草6钱、过山香5钱、刺拔仔根5钱、万两金1两、黄金桂1两。 **用法：** 水4碗，酒4碗，煎2碗，加猪排骨4两，炖熟，分两次服。
小便白浊	**青草组成：** 山素英1两、白粗糠1两、小金樱1两、抹草头5钱、椿根皮5钱、猪小肚1个。 **用法：** 第二次洗米水6碗煎2碗，去渣。加猪小肚炖烂，分两次服。
B型肝炎，GOT、GPT偏高	**青草组成：** 山素英1两、小金英1两、白粗糠1两、观音串5钱、白鹤灵芝草1两、夏枯花5钱。 **用法：** 水8碗煎3碗，分三次当茶饮。
眼前有黑影、飞蚊症	**青草组成：** 山素英1两、枸杞根1两、珠仔草1两、玲珑豆5钱、肾叶山蚂蝗3钱、羊角豆5钱、爵床5钱、千里光5钱、小本山葡萄1两、菊花3钱、鸡肝连胆2副。 **用法：** 水8碗煎3碗，去渣。加鸡肝连胆，炖熟，分三次服，三餐饭后各服一次，饮汤食鸡肝。
妇女白带	**青草组成：** 山素英5钱、白龙船花根1两、白橄榄根1两、白坤草8钱、白肉豆根1两、猪小肚1个、紫苏叶1两。 **用法：** 水8碗煎2碗，加猪小肚，炖烂，分三次服。

山药（健脾止泻，强阴固肾，益气力，长肌肉）

科别：薯蓣科（Dioscoreaceae）

学名：*Dioscorea batatas* Decne.

Dioscorea opposita Thunb.

英名：Common yam，Cinnamon vine，Chinese yam

别名：薯蓣、山薯、淮山药、山芋、淮山、怀山药、家山药、长薯、大薯、山药薯、山慈姑、柱薯、田薯、独黄、黄药子、白皮山药、佛掌薯。

原 产 地：中国黄河流域。

分　　布：生山野向阳处。现各地皆有栽培。

形态特征：为多年生蔓性草本。地下块茎肉质肥厚，呈球形或圆柱形，表皮黑褐色或深红色，密生须根，肉质脆，色白带有黏性。蔓性茎圆柱形，右旋，光滑无毛，多呈紫色，细长有棱线。单叶互生，中部以上叶对生或 3 片轮生，叶片心形或卵状心形，或称三角状卵形至三角状宽卵形，先端锐尖，全缘，主脉 7 ～ 11 条。花期春末至秋季，雌雄异株，雄花为穗状花序，腋出，长 3 ～ 10 厘米，小花黄白色，雌花序下垂，长达 16 厘米。10 月结果，蒴果下垂，具 3 翅，内有圆翼形状的种子。单叶叶腋间常生有珠芽，称为零余子。

采 收 期：12 月～翌年 1 月。采挖刮去外皮，晒干。

药用部分：块根、根茎、零余子。

性味归经：山药：味甘，性平。零余子：味甘，性温；入肺、脾、肾经。

功　　效：健脾气、益胃阴、助消化、除寒热邪气、滋补虚损。零余子：功用同山药而力强。

主　　治：脾虚泄泻、虚劳体倦、食少、虚汗、消渴症、健
忘、病后耳聋、脾肾虚弱、泄泻、诸虚症、精力不
足、遗精、健忘、目眩、腰痛、白带、小便频数、
虚劳咳嗽。

用　　量：3 钱 ~ 2 两。

用　　法：水煎服。

 使用注意

宜和天门冬、麦门冬合用。有实邪者忌用。

◎零余子

◎蒴果

青草组成应用

脾虚久泻	**青草组成：** 山药1两、莲肉5钱、苡米1两、白术5钱、白扁豆（炒用）5钱、车前子3钱。 **用法：** 共研细末，每次用4钱加水煮成糊状服用。1日服三次，服5日。
脾虚久泻不止	**青草组成：** 山药5钱、薏苡仁4钱、莲子（去心）5钱、芡实4钱、白糖5钱。 **用法：** 水4碗，煮烂，加白糖，连药渣分两次服。
糖尿病	**青草组成：** 山药1两、盘龙参1两、白果2钱、猪胰脏1条（俗称猪腰尺）。 **用法：** 猪腰尺切片，炖烂服。隔日服用即可。

◎雄花

病后耳聋	**青草组成：** 零余子1两（刮去皮）、猪耳朵1个。 **用法：** 加水共炖烂，捏住鼻孔慢慢吞服。
慢性肾炎	**青草组成：** 山药5钱、一条根1两半、女贞子1两、石韦5钱、车前子5钱。 **用法：** 水6碗煎2碗，分两次服。
慢性萎缩性胃炎	**青草组成：** 山药3两、生鸡内金3两（共蒸熟）、黄芪5两（炒白芨1两半）、醋制半夏2两。 **用法：** 共研细末，每次服1钱，饭前半小时温开水送服。每日三次，60天为一疗程，一般服半年至10个月。

○雌花

山药葡萄干粥

◎ 原料 山药 150 克，水发大米 200 克，莲子 8 克，葡萄干 10 克

◎ 调料 白糖少许

◎ 做法

1.洗净去皮的山药切成丁。2. 砂锅中注水烧开，倒入洗净的大米。3. 盖上盖，用大火煮开后转小火煮20分钟。4.揭盖，放入山药、莲子、葡萄干，拌匀。5.盖上盖，续煮30分钟至食材熟透。6.揭盖，加入白糖，拌匀即可。

山药青黄豆浆

◎ 原料 山药块 50 克，豌豆 30 克，水发黄豆 55 克

◎ 调料 冰糖适量

◎ 做法

1.将豌豆和已浸泡8小时的黄豆，再用水搓洗干净，再沥干。2.倒入豆浆机中，放入山药、冰糖。3.注入适量清水，至水位线即可。4.盖上豆浆机机头，选择"五谷"程序，再选择"开始"键，开始打浆。5.待豆浆机运转约15分钟，即成豆浆。6.将豆浆机断电，取下机头，把豆浆倒入滤网，滤取豆浆。7.倒入碗中，用汤匙撇去浮沫即可。

杏仁山药球

◎原料　山药块200克，西杏片30克，澄面100克，猪油35克，白糖100克

◎做法

1.把山药去皮洗净，大火蒸熟，再把它倒入碗中，加白糖，捣烂；加入澄面、猪油，搅拌成面糊。2.把面糊揉搓后制成剂子，再把剂子搓成球状，粘上西杏片，制成生坯。3.热锅注油烧至四成热，放入生坯，炸至金黄色，捞出沥干即成。

丝瓜炒山药

◎原料　丝瓜120克，山药100克，枸杞、蒜末、葱段各少许

◎调料　盐3克，鸡粉2克，水淀粉5毫升，食用油适量

◎做法

1.将丝瓜洗净，切成小块；山药洗净去皮，切成片。2.锅中注水烧开，加入少许食用油、盐；倒入山药片、枸杞、丝瓜，煮至食材断生后，捞出沥干。3.起油锅，放入蒜末、葱段，爆香；倒入焯过水的食材，翻炒匀；加入少许鸡粉、盐，炒匀调味；淋入适量水淀粉，快速炒匀，至食材熟透，即成。

山烟草（祛风除湿，消肿止痛，清热凉血）

科别：茄科（Solanaceae）

学名：*Solanum verbascifolium* L.

英名：Mountain tobacco，Wild tobacco，Mullein nightshade

别名：土烟头、土烟、山番仔烟、假烟叶、生毛将军、蚊仔烟、大黄叶、树茄、大王叶、土烟叶、臭烟、臭鹏木、洗碗叶、茄树、黄水茄、野茄树。

原 产 地：热带亚洲、澳洲和美洲。

分　　布：多生长于荒野平地、沟旁。主产山东、安徽、福建、湖南、湖北、山西、四川及贵州等地。

形态特征：常绿性灌木或小乔木，幼嫩部分草质性，株高可达3米余，全株密被灰白色星状绒毛。单叶互生或近对生，被星状毛；叶片大，质厚，广卵形、短圆状卵形或椭圆状卵形，长10～23厘米，宽6～15厘米，先端渐尖，基部宽楔形或近圆形，叶缘全缘，侧脉5～7对，上下表面密被白色星状毛；叶面绿色，叶背灰白色。春至夏季开花，花序为聚伞花序呈伞房状排列，顶生或近于顶生，外被一层层厚厚的星状毛；花萼阔钟形，灰绿色，5裂，裂片阔三角形；花冠轮形或浅钟状，白色或紫色，5裂，裂片卵状长椭圆形，先端渐锐尖，边缘被毛；雄蕊5枚，着生冠筒上部，花药顶端孔裂。浆果球形，肉质，绿色，成熟后呈橙黄色。种子扁平。

采 收 期：全年均可采收。

药用部分：根、茎、叶。（治风湿症可以酒制应用）

性味归经：味苦、辛，性微温，有微毒；入肝经。

功　　效：根、茎：祛风除湿、消肿止痛、收敛止痢、杀虫、解毒、解热、止血。叶：消肿、止痛。

主　　治：根、茎：风湿病、伤风感冒、头痛、酒感、跌打肿痛、慢性粒细胞白血病、坐骨神经痛、腹痛、胃痛。叶：痛风、牙痛、痈肿、瘰疬、痔疮、皮肤炎、湿疹、跌打伤、腰部神经痛。

用　　量：干根 3 钱～1 两。

用　　法：水煎服。

 使用注意

本品有毒，用量不宜过大，尤其是果实较毒。严重便秘者慎用。

青草组成应用

酒风感冒

青草组成：
山烟草头 5 钱、大风草头 1 两、红根仔草 5 钱、鸡屎藤 1 两、七层塔 1 两、冰糖适量。

用法：水 8 碗煎 3 碗，去药渣。加冰糖溶化，当茶饮。

妇女月内风

青草组成：
山烟草头 5 钱、番仔刺 5 钱、红肉铁雨伞 5 钱、鸡屎藤 1 两、红水柳 1 两、白龙船花头 1 两、白埔姜 5 钱、红骨蛇 5 钱、老母鸡鸡肉 5 两。

用法：水 4 碗，酒 4 碗，煎 3 碗，加入鸡肉炖烂，分三次，饭后服。

脚膝酸痛无力

青草组成：
山烟草头 5 钱、乌骨海芙蓉 6 钱、红根仔草 5 钱、白马屎 1 两、红骨蛇 5 钱、番仔刺 1 两、一条根 5 钱、猪瘦肉 4 两。

用法：水 8 碗煎 3 碗，加入猪瘦肉炖烂，分三次服。无高血压者可加酒煎服。

关节炎、膝关节肿痛

青草组成：
山烟草头 1 两、红骨蛇 1 两、有骨消根 1 两、山埔仑根 5 钱、岗梅 1 两、猪排骨 4 两。

用法：水 4 碗，酒 4 碗，煎 3 碗，加猪排骨炖烂，分三次服。

慢性粒细胞性白血病

简方：山烟草根 1 两。

用法：水煎三次，分三次服（或随症应用复方）。

外伤出血

简方：山烟草全草 1 两（干品）。

用法：研成粉末，每次用适量，外敷伤处。

腰脊酸痛	**青草组成：** 山烟草5钱、白粗糠1两、小本山葡萄1两、番仔刺1两、狗脊3钱、白埔姜1两、千斤拔5钱。 **用法：** 水4碗，酒4碗，煎2碗，加猪排骨4两，炖烂，分两次饭后服。高血压患者不必加酒。
坐骨神经痛	**青草组成：** 山烟草5钱、红骨蛇1两、千斤拔5钱、黄金桂1两、白花莲5钱、龙葵根5钱、当归尾3钱、土牛膝5钱。 **用法：** 水4碗，酒4碗，煎2碗，加猪脚1节，炖熟，分两次服。
坐骨神经痛	**青草组成：** 山烟草5钱、软枝植梧1两、牛乳埔1两、豨莶草5钱、桑寄生5钱、土牛膝5钱、骨碎补3钱、威灵仙3钱、万点金5钱。 **用法：** 水8碗煎3碗，加猪尾椎骨1条，炖烂，分三次服。
尿酸性关节炎	**青草组成：** 山烟草根5钱、红骨含羞草根1两、丁竖杇1两、番仔刺1两、串鼻龙5钱。 **用法：** 水8碗煎3碗，分三次服。
久年头风、头痛	**青草组成：** 山烟草根5钱、蚊仔烟头5钱、艾头1两、臭川芎1两、艾纳香根8钱、清华桂2钱。 **用法：** 水4碗，酒3碗，加鸡头1支，炖剩2碗，早、晚各服一次。

山泽兰（解热利尿，消炎解毒，抗癌消肿）

科别：菊科（Compositae）

学名：*Eupatorium formosanum* Hayata

英名：Taiwan eupatorium

别名：台湾山泽兰、六月雪、斑竹相思、大本白花草、尖尾风、台湾泽兰、白花仔草、台湾兰草、泽兰草。

原 产 地：台湾特有植物。

分　　布：全岛平野、山麓至高海拔山区的草丛、路旁均有分布。主要分布在中国台湾。

形态特征：一年生或越年生的大型草本植物，茎直立，多分枝，全株有柔毛，高可达 2 米。叶对生，三裂叶、三出复叶或单独一叶，披针形，先端锐尖，基部锐尖，锯齿状或小钝齿叶缘，表面粗糙，背面有白粉，叶上表面被短毛，下表面沿着叶脉密被曲柔毛，若三出叶，顶生小叶较大，侧生小叶较小，叶无柄或近无柄。夏、秋间为花果期。头状花序组成聚伞花序，顶生，秋季开白花，排列成房状花序，花小而多，长于枝条先端，总苞长椭圆状钟形，多层，覆瓦状排列，花冠筒状，白至粉红色，有时带粉红色晕，先端五裂，花柱分枝长，明显凸出花冠筒。瘦果黑色有冠毛，呈五棱角状，先端截断状，黑色，成熟果具有白色冠毛。为斑蝶类等昆虫的重要蜜源植物。

采 收 期：全年采集，或秋季盛产期采集。洗净，切段，晒干备用。

药用部分：全草、茎叶及根、嫩枝叶。

性味归经：味辛，性微凉（苦、寒）；入肺、肝经。

功　　效：茎叶：解热、解毒、利尿、抗炎、抗癌、调经、消肿、解暑、消积滞、利胃肠、止痢。嫩枝叶：解热、利尿。

主　　治：全草：感冒发热、中暑、腹痛、感冒头痛、肺炎、肝炎、肾炎、糖尿病、下痢、急慢性盲肠炎、肋膜炎、妇女经闭、高血压、白血球过多症、白血病、瘰疬、疔疮。

用　　量：干品 5 钱～1 两，鲜品加倍。

用　　法：水煎服。

！使用注意

孕妇忌服，阳虚症者慎用。

青草组成应用

高血压、面赤	**青草组成：** 山泽兰 1 两半、桑叶 1 两、含壳草 1 两、水丁香 1 两、白鹤灵芝 1 两、仙草 1 两。 **用法：** 水 6 碗煎 3 碗，当茶饮。
感冒风邪、头痛	**青草组成：** 山泽兰心 1 两、紫苏叶 5 钱、艾纳香 1 两、鸡香藤 1 两、铁马鞭 5 钱、红骨蛇 1 两。 **用法：** 水 6 碗煎 2 碗，分两次服。
肺炎	**青草组成：** 山泽兰 1 两、岗梅根 2 两、有骨消根 1 两、山瑞香 5 钱、鱼腥草 1 两（后下煎）。 **用法：** 水 8 碗煎 3 碗，分三次服。
肠炎	**青草组成：** 山泽兰 8 钱、凤尾草 1 两、蚶壳草 1 两、小飞扬 1 两半。 **用法：** 水 6 碗煎 2 碗，分两次服。
盲肠炎、腹痛	**青草组成：** 山泽兰心叶 5 两、咸丰草心叶 5 两、水蜈蚣草 5 两。 **用法：** 上述药材各用清水洗净，共捣成汁，过滤成 1 碗服之。

安胎	**简方:** 山苎麻根 1 两。 **用法:** 水煎服。
创伤出血	**简方:** 山苎麻适量。 **用法:** 将山苎麻晒干,研末,外撒伤处。
肝炎	**简方:** 鲜山苎麻根 2 两、猪瘦肉 2 两。 **用法:** 共炖熟,分两次服。
尿酸性关节炎	**青草组成:** 山苎麻根 5 钱、艾草根 8 钱、丁竖杇 8 钱、山烟草根 5 钱、狗头芙蓉(去皮)2 两。 **用法:** 水 8 碗煎 3 碗,当茶饮。

◎雌花

山葡萄（舒筋活血，消肿解毒，祛风除湿）

科别：葡萄科（Vitaceae）

学名：*Ampelopsis brevipedunculata*（Maxim.）Trautv. var.*hancei*
（Planch.）Rehder

英名：Taiwan wild grape，Porcelain ampelopsis

别名：山葡萄藤、蛇葡萄、野葡萄、大葡萄、令饭藤、大本山葡萄、
汉氏山葡萄、耳空仔藤、蛇白蔹、假葡萄、畚箕藤、绿葡萄、
见毒消、粉藤、小叶蛇葡萄、粪苷藤。

原 产 地：中国、韩国、日本。

分　　　布：生于低海拔的疏林中。分布于浙江、江西、福建、
台湾、湖南、广东、海南、广西、云南等地。

形态特征：多年生蔓性木质藤本，枝条粗壮，嫩枝被柔毛；具
有二叉状卷须与叶对生。单叶互生，叶片长 3 ~
12 厘米，宽 3 ~ 12 厘米，纸质，心形或心状圆形
至三角状卵形，叶缘不缺裂或 3 ~ 5 浅裂至深裂，
叶尖渐尖或突尖形，叶缘有小锐尖的粗锯齿，叶面
深绿色，光滑，叶背稍淡，脉上疏被锈色短柔毛。
花期 4 ~ 8 月，花序为聚伞花序，与叶对生；花细
小，淡黄绿色，花瓣 5 枚，镊合状排列，雄蕊 5 枚，
与花瓣对生。浆果球形，初呈绿白色，其后变淡
紫，最终变成紫蓝色，表面生斑点，内有种子 1 ~
3 粒。果实外表与一般食用葡萄相似，但山葡萄的
浆果有毒，不可食用。

采 收 期：全年可采集。洗净，切片，晒干备用。

药用部分：根、茎及叶。

性味归经：根：味甘、酸、微苦，性平。叶、茎：味甘、性平。

入肺、脾、肝、肾经。

功　　效：根：舒筋活血、消肿止痛、清热解毒、祛风除湿、
散瘀破结。叶、茎：利尿、清热、止血。

主　　治：叶、茎：慢性肾炎、小便不利、消化道出血、外伤
出血、外洗疮毒、脚气水肿、小便白浊、小便涩
痛、湿热黄疸、调经、白带。根：肺痈、肠痈、腹
泻、呕吐、风湿痹痛、瘰疬、风湿性腰腿痛、风湿
性关节炎、淋巴结核、腰肌劳损、久年筋骨痛、淋
巴肉瘤、乳腺癌、食道癌。外用：痈疮肿毒，跌打
损伤、烫伤，用鲜根捣烂，外敷患部。

用　　量：干品 5 钱 ~ 2 两。

用　　法：水煎服。

使用注意

山葡萄根对金黄色葡萄菌有抑制作用。

青草组成应用

腰肌劳损

青草组成：
山葡萄根 1 两、伸筋草 1 两、杜仲 3 钱、金毛狗脊 6 钱、牛膝 3 钱、神骨脂 3 钱。

用法：
水 8 碗煎 2 碗，去渣。加米酒半碗炖 10 分钟，分三次服。

风湿性关节炎

青草组成：
山葡萄根 1 两半、五加皮 5 钱、松节 3 钱、土牛膝 3 钱、威灵仙 3 钱、络石藤 5 钱、豨莶草 5 钱。

用法：
水 4 碗，酒 4 碗，煎 2 碗。早晚饭前各服 1 碗。

久年筋骨痛

青草组成：
山葡萄根 1 两半、五加皮 5 钱、骨碎补 5 钱、树梅根皮 1 两、桃树根 5 钱、土母鸡 1 只。

用法：
先将五味药洗净，母鸡去毛和内脏，再将五味药材纳入母鸡腹内，米酒适量，加水炖烂，分 2～3 次服，食肉饮汤。或用前三味药材水煎加米酒，分两次服。

痈疮肿毒、烫伤、跌打伤

简方：鲜山葡萄根 1 两。

用法：捣烂，外敷患处。

肺痈、肠痈、腹泻、瘰疬、风湿痹痛等症

简方：
山葡萄根 2 两。

用法：
水煎服，或随症加减。

淋巴结核	**青草组成:** 山葡萄根 5 钱、夏枯草 5 钱、半枝莲 1 两、杠板归 5 钱、凤尾草 5 钱、鲜蛇莓 1 两、三点金草 5 钱。 **用法:** 水 8 碗煎 3 碗,三餐饭后半小时各服 1 碗。
跌打扭伤肿痛	**简方:** 鲜山葡萄根皮 3 两、酒糟 1 两半。 **用法:** 将鲜山葡萄根皮捣烂,加入酒糟共捣匀,外敷伤肿痛处。
外伤流血	**简方:** 山葡萄叶 1 两。 **用法:** 晒干研成细末,干晒伤处,或调冷开水外敷伤处。 **鲜用:** 将山葡萄叶捣烂,外敷伤口。 (或用小号山葡萄以童尿泡制后晒干研粉外敷,具止血特效)
寒性脓疡	**简方:** 山葡萄根 2 两、猪瘦肉 2 两。 **用法:** 水 3 碗,酒 3 碗,共炖烂,去渣。分两次服,食肉饮汤。
齿龈肿痛	**简方:** 鲜山葡萄嫩枝尖 5 钱、鲜四叶景天 5 钱、白糖 3 钱。 **用法:** 共捣烂,外敷齿龈肿痛处。
淋巴肉瘤	**青草组成:** 山葡萄藤 1 两、夏枯草 8 钱、半枝莲 8 钱、海藻 5 钱、昆布 3 钱。 **用法:** 水 5 碗煎 2 碗,分两次服。

133

山芙蓉（消炎解毒，解热凉血，消肿排脓）

科别： 锦葵科（Madvaceae）

学名： *Hibiscus taiwanensis* S. Y. Hu

英名： Taiwan hibiscus

别名： 狗头芙蓉、台湾山芙蓉、三变花、醉芙蓉、台湾芙蓉、千面美人、三醉芙蓉、酸芙蓉、千面女娘、拒霜花。

原 产 地： 台湾特有种。

分　　布： 生于海拔300～1300米的草坡。分布于西南及海南、广西等地。

形态特征： 落叶性大权木或大乔木，株高3～5米。全株密生长毛，树皮老干灰白，中枝清白色，具多数分枝，小枝平滑、灰色，被有刚毛。单叶互生，厚纸质或近似革质，阔卵形至近似圆形，长7～10厘米，宽6～8厘米，锯齿缘，先端锐尖，基部圆形或为心形，3～5浅裂，掌状脉，有脉5～7条，表面绿色，背面淡绿色；叶柄细长，长12～16厘米；托叶小，卵状线形，长1～1.5厘米，早落。夏至秋间开花，花朵单生，腋生，具长柄，花大，花冠浅钟形，张开状，花朵绽开时径约9～15厘米，早上初开时鲜白色，后渐转变为粉红色，至下午时渐呈深红色而闭合。蒴果球形五瓣裂，外被毛茸，径2～3.5厘米，成熟时胞背开裂，内含种子多数，肾形，淡褐色，正面光滑，上有一黑色芽点，背面密布淡棕色毛茸。

采 收 期： 全年采集。洗净，切片，晒干备用。

药用部分：根、茎、叶、花。

性味归经：味微辛、酸，性凉（甘、平）；入肺、心、心包、肝、肾经。

功　　效：清肺、止痛。（本品为外科消炎药、解热、解毒药）

主　　治：痈肿、恶疮、疽、牙痛、肺痈、脓胸、疮疡、肋膜炎、关节炎、肝火大、乳痈、妇女白带、咳嗽气喘。

用　　量：根 1 ~ 2 两，花 5 钱 ~ 1 两。

用　　法：水煎服；捣烂外敷患处。

 使用注意

因本品能耗血散气，体虚胃弱者少用。

青草组成应用

尿酸症

青草组成：
山芙蓉 1 两、小本山葡萄 1 两、鸭公青 5 钱、一条根舅 1 两、板蓝根 5 钱、龙眼菇 3 钱。

用法：水 8 碗煎 3 碗，分三次服。

头风痛

青草组成：
山芙蓉 1 两、铁包金 1 两、风不动 5 钱、艾头 5 钱、千里光 4 钱、菜瓜根 4 钱、苦蓝盘 5 钱。

用法：水 4 碗，酒 4 碗，煎 2 碗，炖猪脑（去血筋），
早、晚饭后各服一次。

妇女黄带

青草组成：
山芙蓉 1 两半、白龙船花头 1 两半、坤草 8 钱、淮山 1 两、白鸡冠花 1 两。

用法：
水 8 碗煎 2 碗，去渣。炖猪粉肠 1 小时，早晚饭前各服一次。或煎 3 碗，炖猪粉肠，分三次服。

无名肿毒、疔疮

青草组成：
山芙蓉头 2 两、两面针 5 钱、埔银 5 钱、王不留行 5 钱、蒲公英 8 钱、青壳鸭蛋 2 个。

用法：水 5 碗，加青壳鸭蛋，煎剩 2 碗，早、晚各服一次。或加酒少许亦可。

创伤

单方：鲜山芙蓉叶 1 两。

用法：捣烂，外敷伤处。

肋膜炎

青草组成：
山芙蓉 1 两、感冒草 5 钱、两面针 5 钱、玉叶金花 5 钱、柴胡 3 钱。

用法：水 5 碗煎 2 碗，分两次服。

乳腺炎肿痛、忽寒忽热

青草组成：
山芙蓉头 1 两、武靴藤 1 两、柳仔茄 1 两、小本山葡萄 1 两、鱼针草 5 钱、王不留行 5 钱、蒲公英 1 两。

用法：水 8 碗煎 2 碗，分两次饭后服。

子宫内痒症

青草组成：
山芙蓉头 1 两、通天草 1 两、海芙蓉 5 钱、白花益母草 5 钱、辣椒头 5 钱、猪大肠头 1 个。

用法：水 6 碗煎 2 碗，去渣。加猪大肠头，炖烂，分两次服。并以鲜艾叶煎水外洗。

黑脚病

青草组成：
山芙蓉 1 两、大青叶 1 两、红骨蛇 1 两、虱母子头 1 两、埔银二层皮 5 钱、钮仔茄 1 两、武靴藤 5 钱、青壳鸭蛋 2 个。

用法：将上述药材洗净，加水 8 碗，放入鸭蛋 2 个，煎剩 2 碗，早、晚各服 1 碗。

关节炎

青草组成：
山芙蓉 1 两、过山香 8 钱、五龙兰 5 钱、白肉穿山龙 1 两、牛乳埔 1 两、猪脚 1 节。

用法：水 8 碗煎 2 碗，加猪脚炖烂，分两次服。

妇女黄带、赤带

青草组成：
山芙蓉 1 两、白龙船根 1 两、益母草 8 钱、凤尾草 5 钱、薏苡仁根 1 两、车前草 5 钱。

用法：水 6 碗煎 2 碗，分两次服。

尿酸症

青草组成：
山芙蓉 1 两、小本山葡萄 1 两、蝙蝠草 8 钱、龙眼菇 8 钱、靛青根 5 钱。

用法：水 8 碗煎 3 碗，分三次服。

山葫菜（防腐杀菌，促进食欲，清血止痛）

科别： 十字花科（Cruciferae）
学名： *Wasabia japonica*（Miguel）Matsumura
英名： Tenuous eutrema
别名： 山葵、芥末菜、泽山葵、瓦沙米、山姜、小山葫菜、山葫菜、芥末。

原 产 地：生长于日本以及冷凉潮湿的温带地区。

分　　布：生于林下或山坡草丛、沟边、水中，海拔1000～3500米。分布于江苏、浙江、湖北、湖南、陕西、甘肃、四川、云南等地。

形态特征：多年生宿根草本植物。地下根茎粗大，圆柱状，须根多，有叶柄脱落痕迹，具有特殊香气和辣味。叶簇生，基生叶丛聚于短根茎上，心脏形有长叶柄，无毛至少许被毛，长8～12厘米，近全缘，侧脉先端处波形锯齿状。春季自根茎抽出花茎，上长有小叶数枚，互生，有柄，叶片广卵形。总状花序顶生，花小，为十字形小白花，着生于花茎顶端。果实为长角果，圆柱形，蒴片主脉不明显，不具分隔或分隔不完全，子叶微弯曲。

采 收 期：夏秋季间采根茎。洗净，去皮后，磨成泥状，供调味料用。

药用部分：根茎、嫩叶。

性味归经：味辛，性寒；入肺经。

功　　效：促进食欲、杀菌防腐、止痛、发汗、清血、利尿。

主　治：根：神经痛、关节炎，以及作为生鱼片的调味料。

茎：外洗皮肤炎，捣敷烫伤。叶：可炒、炸食用，外用煎水作为洗剂。

用　量：酌量即可。

用　法：调味食用；水煎外洗；捣烂外敷。

用法说明：(1)根茎：用清水洗净，除去皮，然后磨成泥状，供生鱼片以及其他调味食用。

(2)根茎：烘干后磨成粉末，作调味食用。也可腌渍食物与烹调速食汤类食用。

(3)嫩叶：炒、炸，或切段、腌渍等供食用。

(4)山葿菜：磨粉可作为食品原料。

(5)根茎：碾碎，与叶、叶柄可杀死生鱼中的寄生虫，为吃生鱼片时必备的调味品。

◎山葿菜的根茎：

(1)有防腐杀菌、促进食欲、兴奋刺激等作用。

(2)外用于神经痛、男性性功能障碍、阳痿等症。

！使用注意

神经性皮肤发炎患者慎服。

山萮菜的功能与用途

山萮菜全株，从根茎、叶、花至细根都可食用，可说是最有利用价值的经济作物。日本人将山萮菜的根茎磨浆做成辛辣料，叶子和花或炒或油炸，当做蔬菜食用；叶梗和细根（或须根）切段做腌渍食品，整株都可利用。

近几年来，国内的山萮菜已有新的发展，目前除了日本人大量采购我们所废弃的叶、茎和细根外，国内的厂商也开始与日本技术合作，将这些原料在国内加工，或腌制做成山萮菜酱菜、山萮菜渍，或加酒粕、味噌、豆腐乳山萮菜酱。此外，也有干燥后制成随身包可随时冲泡成速食汤，而且就连糖果、羊羹、饼干、仙贝、冰淇淋、山萮菜酒、鱼干，以及花生米、荷兰豆等小点心，也都以山萮菜当调理的主味，可说是非常多元化。

喜欢吃沙西米（生鱼片）的人都知道，一碟鲜嫩的生鱼片，蘸上绿稠稠的芥末，细嚼两三下，一股辛辣味儿自鼻端直冲脑门，冲得人眼泪、鼻涕直流！那种爽快与过瘾，正是芥末发挥了辛辣功用所致。

山萮菜的味道高雅芬芳，辛辣味足，为高级的香辛料作物，其根茎的营养成分丰富，除了含水分87克至外，尚有蛋白质50毫克、灰质11毫克、脂质4毫克、粗纤维14毫克、NFE（可溶性无氮物）170毫克、维生素C35毫克、硫160毫克、磷155毫克、钾330毫克、镁87毫克、钙82毫克、铁2.5毫克、锰0.7毫克、铜0.06毫克、锌2.8毫克。

辛辣味及香醇的风味即来自脂质中的芥子油配糖体（Singrin），这些配糖体原本稳定存在于根茎的细胞中，为一安定状的化合物。一旦细胞遭破坏，配糖体随即转化为不安定且具挥发性的芥子油。所以，食用新鲜根茎时，必须将它磨碎或捣烂，才会出现又冲又辣的辛辣味。

烫伤、火伤	**青草组成：** 木芙蓉花 1 两、麻油适量、鸡蛋 1 个。 **用法：** 将木芙蓉花洗净，晒干，研细末。每次用适量调麻油外敷患处。皮肤有起泡溃破者，调鸡蛋白外敷伤处。
痈疖疔疮、无名肿毒	**简方：** 鲜木芙蓉花（或叶、根皮）1 两、酒糟少许。 **用法：** 将鲜木芙蓉洗净，加酒糟或蜂蜜捣烂，外敷患处。 备注： 酒糟为酿酒后的渣滓，可作为猪、牛的饲料。若无酒糟，亦可用蜂蜜或鸡蛋白共捣烂外敷。
肺结核久咳	**简方：** 木芙蓉叶 6 两、木芙蓉花 3 两、蜂蜜 1 两、鸡蛋 1 个。 **用法：** 先将木芙蓉花、叶洗净，烘干，研细末，早、晚各服 2 钱，用开水送服。 备注： 每天清晨另用鸡蛋 1 个，去蛋壳，加入蜂蜜调匀，米汤或沸开水冲服粉末。
皮肤急性化脓性炎症	**简方：** 木芙蓉花或叶 1 两、千里光 1 两、野菊花 1 两、芭蕉根 1 两。 **用法：** 四味青草药洗净后烘干，研极细末，加凡士林适量，制成软膏，每次适量外涂患处。

肺脓疡、肺痈

单方：
木芙蓉花办 1 两半（去花蕊留花瓣，晒干用）。

用法：
将木芙蓉花洗净，每次用 3 钱，再加水煎服。

妇女月经不止

简方：
木芙蓉花 1 两、莲房壳 1 两。

用法：
二味药材共焙干，研细末，早、晚各服 2 钱，米汤送服。

肺痈

青草组成：
鲜木芙蓉花 1～2 两（干花减半）、鱼腥草 5 钱、冰糖 5 钱。

用法：
水 4 碗煎 1 碗，第二次煎，用水 3 碗煎 1 碗。两次煎汤混合，加冰糖调溶化，分两次服。连服数天。

血热崩漏

简方：
木芙蓉花 1 两、莲房壳 5 钱。

用法：水煎服。

吐血、子宫出血

简方：
木芙蓉花 12～30 克（洗净）。

用法：水 3 碗煎 8 分服，一日两次。

叶：含有黄酮苷、还原糖、氨基酸、酚类以及鞣质等成分。花：含有黄酮苷、芸香苷、黄槲皮苷等。花颜色红时，含有矢车菊苷等花色苷成分。

| 目赤肿痛 | **简方**：木芙蓉 1 两（洗净，晒干）。
用法：
研细末，调水敷太阳穴，或用鲜叶，洗净，捣敷患眼处。另以木芙蓉花 12 ~ 30 克，煎水内服。 |

| 月经过多、白带 | **单方**：木芙蓉花（干品）10 朵。
用法：水煎服。 |

| 跌打扭伤 | **青草组成**：
木芙蓉叶（干品）300 克、朴硝 38 克、赤小豆 75 克。
用法：
三药各研成粉，再一起调匀，每次以需要量用开水调敷伤处。或用木芙蓉干叶研粉调开水外敷患处，有活血清热、消肿止痛的作用。 |

| 蜂窝组织炎、深肌脓肿、急性淋巴腺炎等症 | **简方**：
鲜木芙蓉叶 1 两、鲜野菊花 1 两、糖水适量。
用法：
煎水外洗患处，另以鲜品捣烂外敷患处，或者用鲜木芙蓉或干粉调糖水外敷患处。
备注：
本方治疗未成疮者可消退，若已成脓者，可早排脓，有快收口之功。 |

 抗菌试验

(1)木芙蓉花对金黄色葡萄球菌、伤寒杆菌、绿脓杆菌以及溶血性链球菌等均有抑制作用。

(2)木芙蓉花叶煎剂在体外对金黄色葡萄球菌有抑制作用。

木棉 （清热利湿，祛风散瘀，消肿止痛）

科别：木棉科（Bombacaceae）

学名：*Bombax malabarica* DC.

英名：Common bombax，Cotton tree，Silk-cotton tree，Malabar bombox

别名：英雄树、班芝树、攀枝花、棉树、木棉树、榈木、涡木、加薄棉、红棉、吉贝、古终、琼枝。

原 产 地：印度、印尼、菲律宾。

分　　布：生于海拔 1400 ～ 1700 米以下的干热河谷及稀树草原，也可生长在沟谷季雨林内，也有栽培作行道树的。分布于云南、四川、贵州、广西、江西、广东、福建、台湾等地。

形态特征：落叶大乔木，高可达 30 米，径 20 ～ 50 厘米，树干直立有明显瘤刺；侧枝轮生作水平方向开展；木材质轻而软。叶互生，多丛集于枝条先端，掌状复叶，小叶 5 ～ 7 枚，长圆形至长圆状披针形，长 10 ～ 20 厘米，宽 4 ～ 6 厘米，纸质，叶缘有疏锯齿，表面绿色有光泽；冬季落叶。春天 2 ～ 4 月先开花后生叶，花朵大型，肉质 5 瓣，簇生于枝顶，开放时径 8 ～ 13 厘米，橙黄或橘红色，极具观赏价值。蒴果长圆形，成熟后会自动裂开，内含多数的棉毛种子，棉毛可作为枕头、棉被等填充材料；种子黑褐色，密被长棉毛。

采 收 期：初春采花，全年采根。洗净后切片，晒干备用。

药用部分：花、根、皮。

性味归经：花：味甘、淡，性凉。根：味微苦，性凉；入肝经。
　　　　　皮：味微苦，性凉。

功　　效：花：清热利湿、解暑、解毒、止血。根：清热利
　　　　　湿、收敛、止血、散结、止痛。树皮：清热利湿、
　　　　　祛风活血、解毒散瘀、消肿止痛。叶：消肿拔毒。
　　　　　种子：消肿止痒。

主　　治：花：肠炎、痢疾、肝疾病、妇女崩漏、创伤出血、
　　　　　痈疮肿毒。根：胃病、慢性胃炎、胃溃疡、急性肝
　　　　　炎、慢性肝炎、颈淋巴结核、肺癌、肠癌、赤痢、
　　　　　瘰疬、浮肿。树皮：急性肝炎、慢性肝炎、脑膜
　　　　　炎、黄疸、胃溃疡、慢性胃炎、痢疾、风湿痹痛、
　　　　　腰膝疼痛、跌打肿痛、痈疮肿毒、骨刺。叶：鲜叶
　　　　　捣敷肿毒。种子油：涂疮毒疥癣。

用　　量：花 3 ~ 5 钱，根 1 两 ~ 2 两，树皮 5 钱 ~ 1 两。

用　　法：水煎服。

！使用注意

不宜久服。花含木棉胶和鞣质；树皮含阿拉伯胶。

青草组成应用

消渴症	**青草组成：** 木棉根 5 钱、白龙船花头 1 两、白粗糠 1 两、白肉豆根 1 两、消渴草 5 钱、埔盐根 5 钱、白石榴 3 钱、山药 5 钱、骨碎补 3 钱。 **用法：** 水 8 碗煎 3 碗，分三次服。
肝炎（肝病）	**青草组成：** 木棉根 1 两、七层塔 1 两、黄水茄 1 两、小本牛乳埔 1 两、五爪金英 5 钱、钮仔茄 5 钱、红骨含羞草 1 两。 **用法：** 水 8 碗煎 3 碗，分三次服。
大肠湿热引起泄泻、下痢、腹痛	**青草组成：** 木棉花 3 钱、金银花 3 钱、秤饭藤 1 两、凤尾草 1 两、含壳草 5 钱。 **用法：** 水 6 碗煎 2 碗，分两次服。
肺热咳嗽痰多	**简方：** 木棉花 8 钱、桑白皮 5 钱、十药 1 两。 **用法：** 水煎，分两次服。
五更泻（又名晨泄、肾泄）	**病因：**多因肾虚、肾阳不足引起。 **症状：**黎明前腹中攻痛欲泻，泻后疼痛稍减，即每天早晨天还没亮就会腹泄。 **简方：**木棉花 12 朵（成熟后落地者）、黑糖适量。 **用法：**水煎去渣，加黑糖溶化均匀，分两次服。

木棉

木棉

肠炎、痢疾	**青草组成：** 木棉花 4 钱、凤尾草 5 钱、鲜番石榴叶 1 两、金银花 4 钱。 **用法：** 水煎，分 2 ~ 3 次服。或单用干花 3 ~ 5 钱，水煎服。
清热凉血解毒方	**五花茶：** 木棉花 20 克、金银花 20 克、厚朴花 20 克、白鸡蛋花 20 克、槐花 20 克。 **用法：** 各用干品制成茶包，每包 4 克，每次一包用沸开水冲泡饮用。（有抗菌消炎作用）

木棉花猪骨粥

◎ 原料 水发大米 100 克，水发薏米 80 克，猪骨 170 克，木棉花 10 克

◎ 调料 盐 2 克，鸡粉 2 克

◎ 做法

1.砂锅中注入适量的清水大火烧开。2.倒入大米、薏米、猪骨。3.再倒入备好的木棉花，搅拌匀。4.盖上锅盖，煮开后转小火煮40分钟。5.掀开锅盖，加入盐、鸡粉，搅拌匀。6.关火，将煮好的粥盛出装入碗中即可。

生地木棉花瘦肉汤

◎ 原料 瘦肉块 220 克，青皮、生地、木棉花各少许

◎ 调料 盐、鸡粉各 2 克，料酒 6 毫升

◎ 做法

1.锅中注水烧热，倒入洗净的瘦肉块，淋入少许料酒，汆去血渍，捞出沥干。2.砂锅中注水烧开，倒入青皮、生地、木棉花；大火略煮，放入瘦肉，淋入料酒。3.盖上盖，大火烧开后转小火煮约35分钟，至食材熟透。4.揭盖，加入少许盐、鸡粉，拌匀，转中火略煮，至汤汁入味，即成。

木苎麻（祛风除湿，渗湿利水，调经）

科别：荨麻科（Unicaceae）

学名：*Boehmeria densiflora* Hook. et Arn.

英名：Dense-flowered false-nettle

别名：密花苎麻、红水柳、虾公须、山水柳、水柳广、水茄冬、粗糠壳、水柳头、山咸鱼、水柳黄、水柳子。

原 产 地：中国华南、菲律宾、琉球。

分　　布：分布甚广，中国台湾全岛低海拔山区的悬崖、绝壁、崩塌地、山溪沿岸、林道两侧或路边，常见其成群繁生，数量极大。菲律宾也有分布。

形态特征：常绿小灌木，全株密被细毛，多分枝，株高约1.5米。叶对生或互生，长约9厘米，宽约2.4厘米，为披针形或卵状披针形，叶的两面均有毛且粗糙，质厚纸，具细锯齿缘，有明显三出叶脉。春至夏间开花，

©雄花穗

花为球形，密生成穗状，绿白色或红紫色；雌雄异株，单性，雄花序长 6 ~ 8 厘米，具花被 4 枚，雄蕊 3 ~ 5 枚，穗状花序黄红色，长度如叶般；雌花序略长，可达约 10 厘米，花被 2 ~ 4 枚，花柱细长。瘦果扁球形，有毛，密生在果轴上。

采 收 期：全年可采集根和茎。洗净，切片，晒干备用。

药用部分：根茎。（干燥的根、茎称为红水柳或水茄冬）

性味归经：味苦，性平，无毒；入肝、肾经。

功　　效：根茎：祛风除湿、利水、调经。叶：外用煎水洗皮肤痒。

主　　治：感冒风痛、头风痛、月内风、手脚疼痛、手风、风湿痛、腰酸痛、黄疸、月经不调、产后头痛、手脚酸软无力、久年伤痛、破伤风。

用　　量：5 钱 ~ 4 两。

用　　法：水煎服。

使用注意

单味勿久服。

◎雌花特写

◎雌花穗

青草组成应用

手脚酸软无力

青草组成：
木苎麻 1 两、红药头 5 钱、番仔剌 1 两、一条根 5 钱、小本山葡萄 1 两、红刺葱 5 钱、软枝榅梧 5 钱、桂枝 3 钱、土牛膝 5 钱、猪排骨 4 两。

用法：
水 8 碗煎 2 碗半，去渣。加米酒半碗，炖猪排骨，早、晚饭后以及睡前各服一次。

感冒筋骨酸痛

青草组成：
木苎麻 1 两、红鸡尿藤 1 两、钮仔茄头 5 钱、鸭公青 1 两、山烟草头 5 钱、倒吊风 5 钱、王不留行 4 钱、猪瘦肉 4 两。

用法：
水 8 碗煎 3 碗，去渣。加猪瘦肉，炖烂，早、晚饭后以及睡前各服一次。

妇女月经不调

青草组成：
木苎麻根 1 两、白龙船花头 1 两、白花益母草 5 钱、铜锤玉带草 5 钱、白肉豆根 1 两、香附 3 钱。

用法：
水 6 碗煎 2 碗，分两次服。

妇女月内风

青草组成：
木苎麻根 1 两、风不动 1 两、倒吊风 5 钱、红藤 8 钱、刺拔仔头 1 两、猪瘦肉 4 两。

用法：
水 3 碗，酒 3 碗，煎 2 碗，去渣。加猪瘦肉，炖烂，分两次服。

肾炎水肿	**青草组成:** 右骨消 1 两、丁竖杇 1 两、玉米须 1 两、香圆根 1 两、水丁香 1 两、破故纸叶 20 片。 **用法:** 水 8 碗煎 3 碗,分三次当茶饮。
皮肤搔痒、 出疹性传染 病	**简方:** 右骨消茎叶 1 斤。 **用法:** 加水煎浓汁,洗患部。
扭挫伤肿 痛	**简方:** 鲜右骨消根和嫩叶心 2 两、食盐少许。 **用法:** 共捣烂,外敷扭挫伤处,每日换药一次。
漆疮	**简方:** 鲜右骨消茎叶 3 两。 **用法:** 水 8 碗,煎浓汁,待冷,洗患处。
酒感、 去伤痛	**简方:** 右骨消 1 两、猪瘦肉 3 两。 **用法:** 水 2 碗,酒 2 碗,加猪瘦肉,炖烂,分两次服。
外伤皮肤 肿	**简方:** 鲜右骨消根茎 1 两、米酒少许。 **用法:** 将鲜右骨消捣烂,调米酒外敷伤处,每日 换药一次。

巴参 （消炎消肿，舒经活络，去伤解郁）

科别：马齿苋科（Portulacaceae）

学名：*Talinum triangulare*（Jacq.）Willd

英名：Fameflower

别名：假人参、棱轴土人参、人参菜、归来参、参仔菜、土人参、土巴参、洋巴参、嫩巴参、棱轴假人参、巴参菜。

原 产 地：热带美洲。

分　　布：平野、园地常见，也可人工栽培。主要分布在中国台湾。

形态特征：多年生草本或为半灌木，株高 30～60 厘米，具肉质纺锤根和须根，状似人参，皮黑褐色，断面乳白色。茎直立，多分枝，圆柱形，肉质，无毛，有时具槽，基部稍微木质化。叶片光滑微厚，稍肉质，扁平，全缘，无柄或具短柄，密集互生或部分对生，倒披针状长椭圆形，长 5～7 厘米，宽 2.5～3 厘米。全年均能开花，圆锥花序顶生，花茎具棱形，常呈二叉状分枝；萼片 2 枚，分离，卵形或披针形，先端急尖，宿存；花瓣 5 枚，粉红色或浅紫红色，花径约 1.5 厘米，常早落；雄蕊多数（10～30 枚），常贴生于花瓣基部；花柱顶端 2～3 裂。蒴果球形、卵形或椭圆形，薄膜质，熟时黑色或黑褐色，3 瓣裂，内藏细小的种子多数，种子近球形或扁球形，具光泽，表面具瘤或棱。

采 收 期：全年可采。洗净，鲜用或晒干备用。

药用部分：根茎，或全株。挖取三年以上地下根部。

性味归经：味涩微甘，性凉平；入肺、胃、肝、肾、大肠经。

功　　效：根：消肿利尿、消炎、解热、去痛、消滞、调经。
　　　　　全株：强肾明目、补气养血、益肺健胃、健脑、宁心。

主　　治：根：小便不利（本品鲜用有平肝利疸、解热降压之效）。全株：尿毒、糖尿病、耳鸣、眼疾、健忘症、痈疔、高血压、肝炎、脑热、肝胆病、肺痈、肿毒。

用　　量：3钱~2两。

用　　法：水煎服。

 使用注意

阴虚胃溃疡者少用。

青草组成应用

脑瘀血、脑风、脑热	**青草组成:** 鲜巴参菜 5 钱、鲜金钱薄荷 1 两、鲜八卦癀 1 个（去刺）、蜂蜜适量。 **用法:** 共绞汁 6 分碗，调蜜服。本方不宜久服。
脑震荡后引起头痛	**青草组成:** 鲜巴参菜 200 克、鲜金钱薄荷 75 克、鲜小麦草 35 克。 **用法:** 先将三味青草药洗净，绞汁 8 分碗服之。
补气固肺	**青草组成:** 巴参根 40 克、朱贝 20 克、晋耆 80 克。 **用法:** 将巴参根洗净，晒干，三药共研细末，每服 2 克，开水送服，一日三次。
劳力歇喘	**简方:** 巴参根 1 两、红骨火炭母草头 1 两半、土鸡 1 只（去内脏）。 **用法:** 将巴参根和红骨火炭母草头洗净，切碎，纳入土鸡腹内，炖服。
红斑性狼疮	**青草组成:** 鲜巴参菜 35 克、鲜白番薯叶 35 克、鲜小麦草 35 克、鲜白癀菜 35 克。 **用法:** 将五味青草药洗净，共绞汁 250～300 毫升，5 分钟内喝完，早、晚各服一次。

红斑性狼疮	**青草组成：** 巴参菜根 1 两、石上柏 1 两、三消草 1 两、无头土香 1 两、白地瓜叶 1 两、白癀菜 1 两。 **用法：** 水 8 碗煎 3 碗，分三次服。可与下方交替服用。
红斑性狼疮	**青草组成：** 石上柏适量、鸭公青 1 两、猪瘦肉适量。 **用法：** 共炖服或煎服。连服一个月左右再观察病情是否有好转或已痊愈。
子宫肿瘤	**青草组成：** 巴参果实 35 克、鲜三消草 35 克、鲜牙刷草 35 克、白番薯叶 35 克、鲜三板刀 35 克、鲜兔儿菜 30 克、小麦草 35 克、小号山葡萄 35 克。 **用法：** 将上药洗净，加水果 2 ~ 3 种、冷开水 200 毫升，共打成精力汤饮用（必须在 5 分钟内喝完）。

巴豆

（巴豆：泻下寒积，逐痰行水）
（根：温中散寒，祛风通络）

科别：大戟科（Euphorbiaceae）

学名：*Croton tiglium* L.

英名：Purging croton，Croton oil plant

别名：猛树、落水金光、巴果、落水金刚、巴菽、老阳子、贡子、猛子树、猛树、管子、双眼龙、大叶双眼龙、江子、八百力、芒子。

原 产 地：中国、越南、印度、印度尼西亚以及菲律宾。

分　　布：多为栽培植物；野生于山谷、溪边、旷野，有时亦见于密林中。分布四川、湖南、湖北、云南、贵州、广西、广东、福建、台湾、浙江、江苏等地。

形态特征：常绿灌木或小乔木，株高 2 ~ 7 米。植株多分枝，新枝绿色，被稀疏的星状毛。叶互生，叶片卵形或椭圆状卵形，长 7 ~ 17 厘米，宽 3 ~ 7 厘米，边缘有浅疏锯齿，叶面深绿色，背面较淡。夏季开绿色小花，总状花序顶生，花单性，雌雄同株，雌花在下，雄花在上，萼片 5 枚，雄花具雄蕊多数；雌花无花瓣，密被星状毛。蒴果倒卵形或长圆状，有 3 室，每室含种子 1 粒，种子即巴豆，略呈椭圆形或卵形，稍扁，表面黄棕色至暗棕色，平滑而少光泽。

采 收 期：8 ~ 9 月果实成熟时采集，晒干后，去除果壳，晒干用。全年采根，洗净，切片，晒干。

急救　若服用巴豆中毒引起暴泻不止者，可服冷粥使渐渐止泻，或服绿豆汤可缓解。

药用部分：根茎。果子：去除壳晒干。

性味归经：巴豆：味辛，性热，有大毒；入胃、大肠、肺经。
　　　　　根叶：味辛，性温，有毒。

功　　效：种子：杀虫、逐水消肿、泻下冷积、逐痰、蚀疮。
　　　　　根：祛风湿、祛风消肿。

主　　治：胃寒痛、风湿性腰腿痛、寒积便秘、水肿腹水、小
　　　　　儿痰壅咽喉、气急喘、肺痈、咳嗽胸痛。根：风湿
　　　　　关节炎、蛇伤、跌打肿痛。叶：捣敷蛇伤，或作为
　　　　　杀虫剂。

用　　量：干根：每次用 5 分～ 2 钱；巴豆：内服 1 厘～ 3 厘
　　　　　（0.15 ～ 0.3 克）。

用　　法：水煎服；酒制外敷。

！使用注意

巴豆有毒，用量不宜过多，宜慎用，以免中毒；必须依中
医师处方使用。无寒积实症者、孕妇与体弱者忌服。如用
手摸过巴豆，不可以揉眼，若误揉者，会引起眼睑肿胀。

巴豆

青草组成应用

肺部化脓性炎症吐脓	**青草组成：** 巴豆根 5 分、茄苳二层皮 2 钱、饴糖 5 钱。 **用法：** 水 2 碗煎 8 分服。
巴豆服用过量引起肠内烧感	**简方：** 黄柏 5 钱、黄连 3 钱。 **用法：** 水煎汤，冷服。
痰喘	**单方：** 巴豆 1 粒。 **用法：** 槌烂，用绵裹塞鼻，痰即自下。
毒蛇咬伤	**简方：** 巴豆根 5 钱、牛皮消根 2 两、米酒 1 瓶。 **用法：** 将两味药置于酒瓮中，倒入米酒浸泡 45 天后启用。使用前先将毒液挤出，再将药液涂伤处，并饮服 5 毫升药酒。

药理

(1) 巴豆油具有剧烈的刺激性，因此会刺激肠胃黏膜而导致剧烈的泄泻。

(2) 若内服半滴至 1 滴巴豆油，口腔、咽喉以及胃黏膜会产生灼热感，引起呕吐，半小时后会多次大量水泻，伴剧烈腹痛，产生严重胃肠炎，1 ~ 3 小时后发生峻泻。若服至 20 滴者可致死。

(3) 巴豆油外用会引起皮肤红肿、起泡，严重者坏死。

胃寒痛	**简方：** 巴豆根 3 ～ 7 克（洗净）。 **用法：** 水煎两次服。
寒湿脚气	**简方：** 鲜巴豆叶 30 克、水 600 毫升。 **用法：** 水煎后，薰洗患部。
风湿性腰腿疼痛	**简方：** 巴豆根 5 克、威灵仙 9 克、一条根 30 克、土牛膝 20 克。 **用法：** 水煎两次服。

巴豆含有巴豆油，油中含具泻下成分为巴豆树脂。还含巴豆毒素（毒性蛋白）、巴豆苷、氨基酸以及一种类似蓖麻碱的有毒生物碱。巴豆毒素会溶解红细胞，能致局部组织细胞坏死。

动物实验

巴豆油含有致癌和促进致癌的物质，对幼鼠会产生肿瘤发病的作用。

水茄（活血散瘀，消肿止痛，止咳）

科别：茄科（Solanaceae）

学名：*Solanum torvum* Swartz

英名：Tetrongan，Turkey berry，Devil's fig，Fausse aubergine

别名：白花钮仔茄、万桃花、金钮头、山菸草、金衫扣、毛柱万桃花、天茄子、山颠茄、土烟头、野茄子、刺茄、青茄、大苦子、黄天茄。

原 产 地：美国佛罗里达州、西印度群岛以及南美洲的墨西哥到巴西。

分　　　布：生于旷野荒芜草地。分布广东、广西、贵州、台湾、云南等地。

形态特征：多年生常绿有刺灌木。主根粗厚，草质，深入土中；细根伸长，扩展如细网状。枝及叶柄散生短刺，全株密被灰色星状毛，刺为红色或浅黄色；茎圆柱形，具多数分枝；小枝细长，直立或斜上升。叶单一或成对，互生，长椭圆形至卵状椭圆形，基部钝，先端渐尖，厚纸质，基部两侧不等，有2～3浅裂至粗锯齿缘或全缘，长6～19厘米，宽4～13厘米，被黄色星状毛。全年开花，总状花序腋生，花萼阔钟形，萼片被毛，先端5裂；花冠钟形，深5裂，花瓣白色，长1～1.5厘米。浆果圆形或球形，成熟时红色或黄色，内有多数种子。

采 收 期：全年可采。洗净，切片，晒干备用。

药用部分：根。外用：叶。

性味归经：味辛，性微凉，有小毒。

在下，长 7 ~ 9 厘米。瘦果钟形，微小，具长毛；果穗直立，长 7 ~ 10 厘米，长椭圆形。种子具有毛絮，可靠风力和水力传播。水蜡烛的花序雌雄同株，上方为雄花序，其下为雌花序，雌雄花序不分离，为其与同属香蒲属的水烛分辨之特征。

采 收 期：花初开放时，剪下蒲棒的顶端雄花，晒干入药备用。

药用部分：花及全草。

性味归经：味甘，性平（甘辛，凉）；入肝、心包、脾经。

功　　效：收敛止血、活血祛瘀、消炎、泻火、消肿、止血剂。

主　　治：咳血、吐血、衄血、尿血、便血、创伤出血、崩漏、生产后血瘀疼痛、小便不利、乳痈、高血脂、冠心病。

用　　量：干品 1 ~ 3 钱。根 5 钱 ~ 1 两。

用　　法：水煎服（香蒲水煎需包煎）。水浊香蒲：收敛止血（炒用）、行血祛瘀（生用）。

 使用注意

脾虚便溏、气虚而兼有内寒的症候、月经过多以及孕妇忌服。

青草组成应用

冠心病、心绞痛	简方： 水蜡烛8钱、丹参8钱、三七2钱。 用法： 水煎，分两次服，每日一剂。
刀伤出血	简方： 水蜡烛5钱。 用法： 研成细粉，外敷伤处，加压包扎。
高脂血症	简方： 水蜡烛8钱、山楂5钱、茵陈5钱、生麦芽5钱。 用法： 水煎，分两次服，每日一剂。
外伤出血	简方： 水蜡烛2钱、一枝黄花3钱。 用法： 共研末，外敷伤处。
妇女月经周期紊乱、腹痛、有血块	简方： 水蜡烛5钱、水蜡烛5钱。 用法： 共研成细末，每次2钱，开水送服，一日两次，月经前5日服，至月经来潮时停服之。
妇女崩漏、便血	水蜡烛配白花益母草、艾叶、阿胶等合用。
尿血、血淋	水蜡烛配白茅根、大蓟、小蓟、生地等合用。

水
蜡
烛

尿血、血淋	水蜡烛配白茅根、生地、黄柏炭、小蓟、冬葵子等合用。
膀胱湿热、尿血	水蜡烛配山栀子、郁金、滑石等合用。
舌肿胀、无法言语	**简方：** 水蜡烛 5 钱。 **用法：** 研成细末，一日多次干撒舌肿处。
乳痈	**单方：** 鲜水烛全草适量。 **用法：** 捣烂，外敷患处，或煎水服。
血尿	**青草组成：** 水蜡烛 3 钱、铃茵陈 1 两、小蓟 5 钱、白茅根 1 两、乌蔹莓 5 钱、忍冬叶 4 钱。 **用法：** 水 6 碗煎 3 碗，分 2 ~ 3 次服。连服 3 ~ 5 日。
肝火大、内外痔	**简方：** 水蜡烛根 100 克、绿豆 250 克、砂糖 60 克。 **用法：** 先将水蜡烛根洗净，用水 8 碗煎 3 碗，过滤去渣。取煎汤与绿豆煮至皮裂开，加入砂糖煮食。

 水蜡烛的全草含多量维生素 B_1、B_2 和维生素 C。

止血	水蜡烛生用止血，炒炭止血较好，对妇女子宫有收缩作用，所以用在子宫出血者更好，但虚寒性的月经过多症者勿用。
鼻衄	**单方：** 水蜡烛根 5 钱～ 1 两、白毛鸡肉半斤。 **用法：** 加清水煮沸后，再以小火煮 1 小时，分次服。
鼻衄经外不止	**简方：** 水蜡烛末 2 钱、石榴花末 1 钱（混合用）。 **用法：** 每服 1 钱，冷开水送服。
小便不利	**青草组成：** 水蜡烛全草 3 钱、笔仔草 5 钱、车前草 5 钱。 **用法：** 水煎服。
水肿、小便不利	**青草组成：** 水蜡烛全草 3 钱、香薷 4 钱、赤小豆 5 钱、冬瓜皮 1 两。 **用法：** 水煎，分两次服。连服 3 ～ 5 日。

药理

水蜡烛能行血又止血，生用或炒用均能止血，炒后性涩收敛，能增强止血作用。水蜡烛有收缩子宫作用，能缩短凝血时间。

水蜈蚣 （疏风清热，止咳祛痰，消肿解毒）

科别：莎草科（Cyperaceae）

学名：*Kyllinga brevifolia* Rottb.

英名：Short-leaved kyllinga

别名：无头土香、白香附、发汗草、疟疾草、三荚草、三荚臭头香、球子草、假杨梅子、无头香、一箭球、金钮草、蜈蚣、土头香、三角草。

原 产 地：热带、亚热带的潮湿地以及近海岸处。中国、马来西亚、印度、琉球、日本均有分布。

分　　布：生长于水边、路旁、水田及旷野湿地。全国大部分地区有分布。

形态特征：多年生草本植物，可藉种子和走茎繁殖，为发生于各地草坪的常见杂草。具有细长且长有褐色鳞片的匍匐状地下走茎，走茎近圆柱形，横生，有明显的节，节上生须根；秆直立柔软，株高 10 ~ 30 厘米。叶绿色，根生，狭线形，草质，柔软而光滑，宽 0.2 ~ 0.4 厘米。夏、秋季间开淡绿色或白色花，花序无梗，为顶生的头状花序，由多数密生的淡绿色小穗组成，小穗宽披针形，长 0.3 ~ 0.35 厘米，每一小穗只有 1 朵花，苞叶 3 ~ 4 枚，不等长。瘦果极小，呈倒卵形，长约 0.15 厘米。

采 收 期：夏、秋季开花时采集，洗净，晒干。

药用部分：全草。（可酒炒、蜜制法炮制后应用）

性味归经：味微甘、辛，性平、微凉，无毒；入肺、心包、脾、肝、肾经。

风热感冒

青草组成：
鲜水蜈蚣1两、蒲公英8钱、鸭公青5钱、海金沙藤5钱、大风草1两。

用法：
水6碗煎2碗，分两次服。

黄疸型传染性肝炎

青草组成：
水蜈蚣草1两、小号一枝香1两（地耳单）、黄栀根5钱、蚊仔烟草1两、苎麻根1两。

用法：
水5碗煎2碗，分两次服。或单用鲜品水蜈蚣草2两，水煎服。

赤白痢疾

简方：
鲜水蜈蚣草2两、冰糖5钱。

用法：
水3碗煎1碗服。

跌打内伤

简方：
水蜈蚣草2两（鲜品者可用半斤）。

用法：
水2碗，酒2碗，煎1碗服之。若服后会泻痢者为正常现象。（中午11点至2点间忌服）

皮肤搔痒

青草组成：
鲜水蜈蚣草2两、葎草2两、苍耳草2两、千里光2两、遍地锦1两。

用法：
水煎，外洗患处。

水丁香

水丁香（清热消炎，利尿消肿，凉血降压）

科别：柳叶菜科（Onagraceae）
学名：*Ludwigia octovalvis*（Jacq.）Raven
英名：Lantern seedbox（H）
别名：丁香蓼、小号水丁香、细叶丁子蓼、水黄麻、水香蕉、水灯草、假黄车、针铜射、金龙麝头、草里金钗、锁匙筒、水仙桃、针铜草、水秧草、扫锅草、草龙、假蕉、水登香。

原 产 地：热带亚洲和非洲。

分　　布：生长于水边。分布福建、浙江、江苏、安徽、湖南、湖北、四川等地。

形态特征：多年生亚灌木状草本，全株呈暗红色或红绿色，全株茎叶被有细毛。茎粗糙，直立，分枝多，基部木质化，幼枝有5棱，株高20～100厘米。叶互生，披针形或长椭圆形，长6～10厘米，先端锐尖，基部狭窄呈短柄状，全缘。花四季开放，黄色，单生于叶腋，无梗，径2～2.5厘米；花萼绿色，筒状，宿存，先端4裂，长椭圆状卵形，长约1厘米；花瓣倒卵状圆形，长约1厘米，凹头。蒴果红褐色，具8条纵棱，整个果实看起来很像小香蕉，长2.5～5厘米，径0.5～0.6厘米，密布长毛；种子椭圆形，暗红色。

采 收 期：秋季采集。洗净，晒干备用。

药用部分：全草、根、茎。（根、枝干可酒制或醋制，枝叶则宜蜜制）

性味归经：味苦，性凉（甘、寒）；入肝、肾、肺经。

功　　效：清热解毒，凉血，疏风。

主　　治：根、枝干：慢性肾炎、肾炎、水肿、肾结石、肝炎、黄疸、肠炎、高血压、痢疾、咽喉痛、牙痛、白带、膀胱炎、皮肤炎、脚气、感冒发烧、口腔发炎。嫩枝叶：肾脏炎、水肿、高血压、利尿、咽喉痛、疔疮。

用　　量：干品5钱～2两。

用　　法：水煎服。

使用注意

身体虚寒慎用，单味不宜久服。

青草组成应用

高血压

青草组成：
水丁香1两、蔡鼻草1两、山苦瓜根1两、藤根5钱、夏枯草5钱。

用法：
水6碗煎2碗，早晚饭后各服1碗，服5~7帖。

尿酸症

青草组成：
水丁香5钱、丁竖杇5钱、白龙船花头1两、白粗糠1两、红骨蔡鼻草1两、白石榴5钱、王不留行5钱、猪排骨4两。

用法：水8碗加猪排骨炖烂，分三次服。

肾炎、水肿

青草组成：
水丁香2两、鳢肠1两、丁竖杇1两、青皮乌豆1两、猪肝2两、苦茶油适量。

用法：
四味药材以清水洗净，共用苦茶油炒微黄后加水6碗，炖猪肝，分2~3次服。

肾炎水肿、小便困难

青草组成：
水丁香1两、丁竖杇8钱、破布子二层皮8钱、半边莲5钱、荔枝壳3钱。

用法：
水8碗煎3碗，分三次服。

肾脏炎、脚水肿

青草组成：
水丁香1两、小本山葡萄1两、丁竖杇1两、掇鼻草6钱、腰子草6钱、猫须草5钱、车前草5钱、青壳鸭蛋2个（敲裂缝用）。

用法：
水8碗加青壳鸭蛋炖成3碗，分三次服。

皮肤痒	**青草组成：** 水丁香1两、黄水茄1两、刺波头5钱、山芙蓉1两、台湾山豆根5钱。 **用法：** 水6碗煎2碗，早、晚各服1碗。或随症加减。
胰脏发炎 （腰尺发炎）	**简方：** 鲜水丁香1两、鲜蚶壳草1两、鲜咸丰草1两、鲜对叶莲（又名心叶母草、鸭母草，茜草科）1两、青壳鸭蛋2个（或鸡蛋亦可）。 **用法：** 先将四味青草洗净，用苦茶油炒后，炖青壳鸭蛋服，早、晚各服一次。（或鲜嫩心叶用苦茶油煎鸭蛋食之）
咽喉肿痛	**简方：** 鲜水丁香1两、鲜马鞭草1两、鲜酢浆草1两。 **用法：** 三味青草洗净，共捣碎调食盐少许，含入口内2～5分钟后，再将汁吐出，一日数次。
急性肾炎 水肿	**青草组成：** 水丁香1两、车前草5钱、丁竖杇1两、猫须草5钱、泽泻5钱、茯苓3钱、猪苓3钱、白术3钱、大蓟3钱、小蓟3钱。 **用法：** 水8碗煎3碗，分三次服。
中消、 下消症	**青草组成：** 水丁香1两半、山番石榴1两半、老鼠拉秤锤8钱、染布青5钱、金线连5钱、消渴草5钱、甘草2钱、山药5钱、香椿5钱。 **用法：** 水8碗煎3碗，分三次服。

水芹菜（解热利尿，凉血降压，清热润肺）

科别：撒形科（Umbelliferae）

学名：*Oenanthe javanica*（Blume）DC.

英名：Java waterdropwort

别名：水芹、水靳、野芹菜、山芹菜、细本山芹菜、河芹、水英、细辛山芹菜、苦靳、水蕲、水节、牛荕草、苦蕲、小叶芹、野水芹、夫妻菜。

原 产 地：地中海沿岸。

分　　布：喜生于低湿洼地或水沟中。分布于河南、江苏、浙江、安徽、江西、湖北、湖南、四川、广东、广西、台湾等地。

形态特征：多年生草本，具香气。全株光滑无毛，茎中空有棱，高 10～80 厘米或偶尔有超过 1 米者，地下茎匍匐横走。基生叶三角形或三角状卵形，1～3 回羽状分裂，互生，小叶卵形至菱状披针形，长 2～5 厘米，宽 1～2 厘米，边缘有不整齐尖齿或圆锯齿；叶柄长 2～10 厘米，基部成为鞘状。花期 2～5 月，复伞形花序顶生，总花梗长 2～10 厘米，最小单位的伞形花序着有小花 5～25 朵，小花白色，无总苞，花柱宿存，花瓣 5 枚，雄蕊 5 枚。果实椭圆形或近圆锥形，长 0.2～0.3 厘米，宽 0.2 厘米，果棱不甚显著。

采 收 期：夏、秋间或全年采集。洗净，鲜用或晒干备用。

药用部分：全草。

性味归经：味甘、辛，性凉（甘、寒）；入肺、胃、肝经。

功　　效：清热、降血压、凉血、利湿、解热、润肺止咳、固脑。

主　　治：高血压、感冒发热、扁桃腺炎、尿路感染、呕吐腹泻、崩漏、白带、脑中风、肠胃热痢、肺炎、咳嗽、水肿。外用：鲜品捣敷乳腺炎、腮腺炎和跌打伤。

用　　量：1～2两。

用　　法：水煎服；捣烂绞汁含漱；捣烂外敷。

 使用注意

水芹菜含有细毛者，有毒不宜用。脾胃虚寒者勿食，发高烧、口干口渴者禁用。本品不宜久煎。

◎果实

青草组成应用

高血压

青草组成：

鲜水芹菜2两、苦瓜根1两、仙草1两、冰糖适量。

用法：

水8碗煎3碗，去渣。加冰糖溶化调匀分三次服。

高血压

青草组成：

鲜水芹菜3两、蜂蜜适量。

用法：

先将水芹菜洗净，绞汁半碗，加蜂蜜调服。血压正常后停服（间隔日服）。

扁桃腺炎、喉咙发炎

青草组成：

水芹菜1两、淡竹叶5钱、凤尾草5钱、秤饭藤5钱、虎耳草5钱。

用法：

水4碗煎1碗，渣以水3碗煎1碗，早、晚饭后各服一次。并以鲜水芹菜捣烂绞汁含漱，一日数次。

高血压

简方：

鲜水芹菜2两、鱼腥草8钱、车前草5钱。

用法：

水5碗煎2碗，分两次服。

乳糜尿

简方：

水芹菜根2两、向日葵茎髓70厘米。

用法：

水6碗煎2碗，分两次服。连服3～5日。

耳下腺炎	**单方：** 鲜水芹菜 5 钱、茶油少许。 **用法：** 捣烂，调茶油外敷患处，每日换药一次。
高血压	**青草组成：** 鲜水芹菜 1 两、野苦瓜藤 1 两、水丁香 1 两。 **用法：** 水 5 碗煎 2 碗，分两次服。

火炭母草（清利湿热，凉血解毒，祛伤解郁）

科别：蓼科（Polygonaceae）

学名：*Polygonum chinense* L.

英名：Chinese knotweed

别名：秤饭藤、称饭藤、冷饭藤、红骨冷饭藤、乌炭子、倩饭藤、赤地利、斑鸠饭、火炭星、火炭藤、白饭草、白饭藤、清饭藤、川七、信饭藤、鸡粪藤。

原　产　地：中国南部、菲律宾、印度等地。

分　　　布：生于丘陵地带向阳草坡、林边、路旁湿润土壤。分布于台湾、福建、江西、广东、广西、云南、四川和贵州等地。

形态特征：多年生披散或攀缘状草本，茎蔓可长达数米。茎多分枝，棕色，匍匐地面者节处生根，嫩部带红色，被疏毛或无毛。单叶互生，纸质，卵形、卵状椭圆形或卵状三角形，长5～12厘米，宽5～8厘米，先端锐尖，基部截平或近心形，全缘或有小齿，两面无毛或下面脉上有毛，上面明显有紫蓝色斑块；叶柄长1～1.5厘米，有时近顶部叶无柄而抱茎；托叶鞘状，膜质，抱茎，无毛。四季皆可开花结果，圆锥花序顶生，花穗数个，由10～20朵花聚集成头状，再排列成二歧状或伞房状排于枝顶，花序梗常被腺毛，花白色或淡红色，花被5裂，雄蕊8枚。小坚果卵形，黑色，具3棱，包于宿萼内。

采　收　期：全年可采。洗净，切段，晒干备用。

药用部分：全草、根、茎叶。（可酒洗、醋炒、蜜制等法炮制

应用）

性味归经：味微苦、微酸，性凉；入肺、胃、脾经。

功　　效：根：转骨、消炎、通经、清肺利咽。全草：清热解毒、化滞利湿、退翳消肿。嫩梢叶：捣敷肿毒痈疽。果实：晒干备用。

主　　治：感冒、咽喉肿痛、白喉、百日咳、肺热咳嗽、扁桃腺炎、肝炎、黄疸型肝炎、肠炎、痢疾、消化不良、腰酸背痛、跌打损伤、月经不调、泄泻、湿疹、皮肤痒、痈肿、乳痈、妇女白带、小儿发育不良、霉菌性阴道炎。

使用注意

> 忌铁煎煮。不宜久服。

用　　量：干品 1 ~ 2 两。

用　　法：水煎服；鲜用捣烂外敷。

青草组成应用

打伤吐血

简方:
鲜火炭母叶心 2 两、蜂蜜适量。

用法:
先将火炭母草用清水洗净,捣汁半碗调蜜服。

急性胃肠炎

青草组成:
红骨火炭母草 1 两、番石榴叶 5 钱、凤尾草 1 两。

用法:
水 5 碗煎 2 碗,分两次服。

小孩发育不良

青草组成:
红骨火炭母草头 1 两、万点金 5 钱、刺桐根 5 钱、红骨九层塔头 1 两、小本辣椒头 1 两、耳钩草 5 钱、狗尾草 1 两、猪瘦肉半斤。(给女孩食用,需再加白花益母草 5 钱)

用法:
水 4 碗,酒 4 碗,炖猪瘦肉,炖烂,分次服。女孩生理期结束后 1 星期再炖服。

久年跌打损伤

青草组成:
红骨火炭母草头 2 两、红骨蛇 1 两、鸡蛋 2 粒。

用法:
水 3 碗,酒 3 碗,加鸡蛋,炖剩 2 碗,早、晚饭后半小时各服 1 碗,连服数次即愈。

皮肤湿热疮疹诸症

单方:
鲜火炭母草 2 两(洗净)。

用法:
水煎浓汁,外洗患处。

火炭母草

疖肿

单方：
鲜火炭母草 1 两（洗净）。

用法：
捣烂，外敷患处。

霉菌性阴道炎

单方：
鲜火炭母草 5 两（清水洗净）。

用法：
煎水坐浴，浴后用干粉喷撒。

内伤、撞伤、打伤

简方：
火炭母草头 4 两、猪尾椎骨 4 两。

用法：
水 3 碗，酒 3 碗，加猪尾骨炖烂，分两次服。亦可用叶捣烂，绞汁半碗，冲温热米酒服。本方服 2～3 次即可，勿多服。

跌打肿痛、瘀青不散（外用方）

简方：
鲜火炭母草叶 2 两、米酒适量。

用法：
先将火炭母叶洗净，加入米酒炒成 5 分熟，待适温时敷瘀青部位，一日两次。

抗菌试验

火炭母草对金黄色葡萄球菌、痢疾杆菌、大肠杆菌、伤寒杆菌以及溶血性链球菌均有抑制作用。

闪腰	**青草组成：** 火炭母草头 1 两、牛乳埔 1 两、大飞扬 1 两、青皮猫 5 钱、含壳草 5 钱、牛八角 5 钱。 **用法：** 水 3 碗，酒 3 碗，煎 2 碗，早、晚各服 1 碗。 **另方：** 火炭母草嫩叶切碎，加青皮鸭蛋用苦茶油煎后，加酒冲热服。
助孩童增高发育	**青草组成：** 红骨火炭母草 1 两、红骨含壳草 1 两、川七 3 钱、川芎 3 钱、当归 3 钱。 **用法：** 先将五味药用茶油炒后，加水 3 碗、酒 2 碗，炖鸡肉服。
肠炎、痢疾	**青草组成：** 火炭母草 1 两、凤尾草 1 两、金射榴 1 两。 **用法：** 水煎服。

本品含有黄酮苷反应。

牛筋草（清热解毒，祛风利湿，散瘀止血）

科别：禾本科（Gramineae）

学名：*Oenanthe javanica*（L.）Gaertn.

英名：Goosegrass，Crowfoot grass，Wiregrass，Yardgrass，Bluegrass，Ohishiba

别名：蟋蟀草、牛顿草、牛顿棕、千斤草、路边草、鱼鳅草、万斤草、力草、生筋草、角䅟草、千千踏、千人拔、穆子草、牛顿丛、牛信棕、粟仔越、野鸡爪、粟牛茄草、鸭脚草、稷子草、牛顿鬃、黍仔草、扁草。

原　产　地：热带及亚热带地区。

分　　　布：生长于旷野荒芜的地方。分布全国各地。

形态特征：一年生的草本植物；须根细而密。茎秆丛生，由很多的茎聚在一起，直立或基部膝曲，斜斜地向上生长，从上往下看，茎的底部是鲜白色，既强韧又扁平，高 20 ~ 60 厘米。叶片线形，平滑鲜绿，扁平或卷折，长可达 15 厘米，宽 0.3 ~ 0.5 厘米，疏生疣状柔毛，中脉显著凸起，叶鞘压扁，有脊，边缘近膜质，先端具稀疏丝状毛；叶舌长约 0.1 厘米。夏、秋两季开花，花为穗状花序，穗状花序 2 ~ 7 条，穗轴顶端生小穗，小穗密生于穗轴的一侧，多呈 2 行排列，长 0.4 ~ 0.7 厘米，着生 3 ~ 6 朵小花。穗状花序纤细，淡绿色，长 3 ~ 10 厘米，宽 0.3 ~ 0.5 厘米，2 ~ 5 花序（少为 2）呈放射状或指状排列于茎顶。果实具梳状细条纹；种子卵形，有波状皱纹，长 0.1 ~ 0.2 厘米。

采 收 期：夏、秋季采全草，洗净，切段，晒干备用。

药用部分：全草。

性味归经：味甘、淡，性平（凉）；入肝经。

功　　效：补虚、化瘀、止血、活血益气、清利湿热。

　　　　　全草：发汗、解热。

主　　治：热病高热症、B 型脑炎、流行性脑炎、小便不利、湿泄泻、黄疸、黄疸型肝炎、小儿发育不良、淋浊、尿道炎、尿血、便血、尿赤、高血压、风湿性关节、痢疾。

用　　量：1～3 两。

使用注意

不宜久服。

用　　法：水煎服；捣烂外敷。

青草组成应用

闪腰

方例：
牛筋草1两、骨碎补5钱、丝瓜络7钱。
用法：
水2碗半，酒2碗半，煎2碗，分两次服。

关节炎

方例：
牛筋草1两、山栀根1两、桑寄生5钱、蔡鼻草1两、桑枝5钱、白芷根3钱、猪排骨4两。
用法：
水4碗，酒4碗，煎2碗，去渣。加入猪排骨，炖烂，早、晚饭后各服一次。

小便白浊、遗精

方例：
立枝牛筋草2两、铜锤玉带草1两、金樱子5钱、芡实1两，青壳鸭蛋2个（微敲裂痕后用）。
用法：
水3碗，酒3碗，煎2碗，去渣，炖青壳鸭蛋2个，早、晚饭前各服一次。

小便腹痛、忽寒忽热

方例：
立枝牛筋草2两、无头土香1两、黑糖1两。
用法：
水8碗煎3碗，去渣。加入黑糖溶化，当茶饮。

夏季伤暑发烧

方例：
鲜牛筋草2两、香薷2钱。
用法：
水5碗煎2碗，分两次服。

夏天腹胀、 小便短涩	**方例:** 鲜牛筋草 1 两半、车前草 8 钱、海金沙藤 5 钱、凤尾草 5 钱。 **用法:** 水 6 碗煎 2 碗,分两次服。
湿热黄疸	**方例:** 鲜牛筋草 2 两、白茅根 1 两、栀子根 5 钱、茵陈 5 钱。 **用法:** 水 6 碗煎 2 碗,早、晚饭后各服 1 碗。

劳倦欲脱、劳伤脱力	**方例：** 牛筋草根 2 两、乌骨母鸡 1 只（约 1 ～ 2 斤重）。 **用法：** 先将鸡去毛和内脏，再将牛筋草根洗净，纳入鸡腹内，加入适量水炖烂，去药渣。分数次服之。
高热精神昏乱、抽筋	**方例：** 鲜牛筋草 4 两、食盐适量（或少许）。 **用法：** 水 6 碗煎 3 碗，去渣。加盐调匀，频频饮之，一日内饮完。
久咳不愈	**方例：** 牛筋草 1 两、麻芝糊 1 两、桑叶 5 钱、伤寒草 1 两、鸡香藤 1 两、鱼腥草 1 两（后下煎 5 ～ 10 分）、山瑞香 5 钱。 **用法：** 水 8 碗煎 2 碗，早、晚饭后各服 1 碗，温服。（芝麻糊不用亦可）
预防流行性脑炎、B 型脑炎	**单方：** 鲜牛筋草 2 两（先用清水洗净）。 **用法：** 水 6 碗煎 3 碗，当茶饮。连服三日，隔 10 日再连服三日。（煎汤忌放糖）

本品煎剂对 B 型脑炎病毒有抑制作用。

风湿腰腿痛	**青草组成：** 牛樟木 4 两、爬山虎 3 两、常春藤 2 两。 **用法：** 水 15 碗煎浓汁，薰洗患处。
发痧腹痛（因痧气胀塞胃肠，壅阻经络）	**青草组成：** 牛樟树二层皮 3 钱、青木香 2 钱（天仙藤）、米酒少许。 **用法：** 水 2 碗煎成半碗，加米酒少许服。
疥癣风痒	**青草组成：** 鲜牛樟木根皮 1 两（清水洗净）。 **用法：** 水煎浓汁，薰洗患处。
胃寒腹痛、食滞腹胀	**单方：** 牛樟树干果 4 钱。 **用法：** 水煎服，每日两次。
风湿关节痛	**青草组成：** 鲜牛樟树二层皮 8 钱、小本丁竖杇 8 钱、桑枝 5 钱。 **用法：** 水煎服，每日两次。
急性胃炎、上吐下泄	**单方：** 牛樟树二层皮 1 两半。 **用法：** 水煎，分三次服。

牛乳房（健脾益气，行血活血，祛风除湿）

科别：桑科（Moraceae）

学名：*Ficus erecta* Thunb. var. *beecheyana*（Hook. & Arn.）king

英名：Milk fig tree，Beechey fig

别名：牛乳埔、牛乳婆、牛乳榕、牛乳浆、鹿饭、天仙果、牛乳楠、牛奶柴、牛奶珠、假枇杷、毛天仙果、三曲、大丁癀、鹿饭、鹿饭水损仔、小损仔、野枇杷、乳浆仔、牛奶榕、大丁黄。

原 产 地：中国台湾、马来西亚、印度、越南。

分　　布：台湾全岛海拔300～1.800米以下的山区均有分布，多见于多阳光的开阔地或森林的边缘。

形态特征：落叶性或半落叶性小乔木，高可达7米，径15～20厘米；树干通直，具有多数分枝，全体被有短毛，有乳汁。单叶互生，刚长出来时为红色，之后逐渐变为绿色；常丛生于小枝先端，呈广菱形、长椭圆形至卵状长椭圆形或倒卵形，纸质，长8～25厘米，宽5～8厘米，先端锐尖或渐尖，全缘或略呈波状缘，表面粗糙，表里两面皆具有毛茸，表面呈稍带光泽绿色，背面颜色较淡；托叶膜质，红棕色，广卵形或三角状披针形。隐头花序（隐花果腋生）腋生，单生或成对，球形，径约1.5～2厘米，熟时橙红或深红色；表面被覆有粗毛，先端圆而有乳头状凸起。果序梗长1.5～3厘米，带有毛茸；雌花单独生长于一花托内，雄花及虫瘿花则另生长于一花托内；雌花的花被片2～3枚，子房卵形，光滑无毛；花柱侧生，线形；雄花有梗，花被片线形，2

枚，长0.1～0.12厘米；雄蕊2～3枚；虫瘿花与雌花相似。花期4～10月。瘦果卵形，光滑无纤毛，包于球形的隐花果内，隐花果熟时呈橘红色。

采 收 期：全年采根。6～10月间采茎叶。洗净，切片，晒干备用。

药用部分：根茎、叶、成熟果实。

性味归经：根：味甘、辛，性温。茎叶：味甘、淡，性温。根：入肺、脾、肾经。茎叶：入肺、脾、肾经。

功　　效：根：健脾益气、行血、活血、强筋骨、祛风利湿、消肿解毒、消炎。枝叶：补中益气、健脾化湿、强筋骨、活血去瘀、消肿、解毒。

主　　治：根：气血两虚、四肢无力、筋骨酸痛、肾虚腰痛、小儿发育不良、小儿夜尿、风湿性关节炎、下消、肾亏、咽喉炎、妇女白带、月经不调。枝叶：中气不足、气血虚弱、跌打、风湿关节痛。果实：润肠、治便秘。

用　　量：5钱～1两。

用　　法：水煎服。

使用注意

风热外邪者忌用。肠滑便秘者慎用。

青草组成应用

肾亏

青草组成：

牛乳房 1 两、白肉豆根 1 两、白龙船花根 1 两、白花虱母子头 1 两、青山龙 5 钱、枸杞根 5 钱、香橼根 5 钱、白石榴根 5 钱、白粗糠 1 两。

用法：

水 10 碗煎 3 碗，加猪尾骨 4 两，炖烂，分三次服。

肾亏下消

青草组成：

牛乳房 1 两、小本山葡萄根 1 两、白马屎 1 两、龙眼花 3 钱、白马鞍藤 5 钱、白芙蓉头 5 钱、小金樱 5 钱。

用法：

水 8 碗煎 3 碗，加猪肚或猪肠，炖烂，分三次服。可随症加减用药。

糖尿病

青草组成：

牛乳房 1 两、白粗糠 5 钱、白龙船花根 1 两、入骨丹 5 钱、白榭榴 5 钱、白猪母乳 1 两、骨碎补 5 钱、埔盐根 5 钱。

用法：

水 8 碗煎 3 碗，分三次服。或加猪排骨 4 两，炖烂，分三次服。

膀胱无力

青草组成：

牛乳房 1 两、荔枝根 1 两、龙眼根 5 钱、金樱根 5 钱、白榭榴 5 钱、倒地麻 5 钱、白肉豆根 1 两、白龙船花根 1 两、猪小肚 1 个。

用法：

水 8 碗煎 3 碗，加猪小肚，炖烂，分三次服。

风湿病

青草组成：
牛乳房1两、黄金桂5钱、一条根5钱、风藤5钱、青皮猫5钱、红药头1两、走马胎1两。

用法：
水4碗，酒4碗，煎2碗，加猪脚蹄1节，炖烂，分两次服。或煎水服。

风湿痛

青草组成：
牛乳房1两、风藤5钱、黄金桂5钱、走马胎根1两、一条根8钱、红骨丹5钱。

用法：
水3碗，酒3碗，煎2碗，加猪脚3两，炖烂，分两次服。或煎水服。

肾亏、下消小便白浊

青草组成：
牛乳房1两、小本山葡萄根1两、白粗糠1两、白龙船根1两、白肉豆根1两、小金樱5钱、白刺苋5钱、猪尾骨5两。

用法：
水4碗，酒4碗，煎2碗，加猪尾骨炖烂，分两次服。

肾亏下消

青草组成：
牛乳房1两、白肉豆根1两、丁竖朽1两、白龙船根1两、枸杞根5钱、白马屎5钱。

用法：
水8碗煎3碗，去渣。加鸡肉4两，炖熟，分三次服。

风湿病	**青草组成：** 牛乳房 1 两、千斤拔 5 钱、黄金桂 5 钱、大风藤 5 钱、白粗糠 1 两、青皮猫 5 钱、五龙兰 5 钱、楂梧头 5 钱。 **用法：** 水 8 碗煎 3 碗，加猪脚，炖烂，分三次服。或煎水服亦可。
糖尿病并 发酸痛	**青草组成：** 牛乳房 1 两、小本山葡萄 1 两、黄金桂 1 两、山药 1 两、红根仔草 5 钱、番仔刺 5 钱、乌骨海芙蓉 5 钱、山栀根 1 两、薏苡仁 1 两、白茯苓 5 钱、猪排骨 5 两。 **用法：** 水 8 碗煎 3 碗，去渣。加猪排骨，炖烂，分三次服。
气血两虚 养身药膳	**青草组成：** 牛乳房 2 两、小号山葡萄 1 两、白肉豆根 1 两、杜虹 5 钱、鸡半只（切块）。 **用法：** 将上述药材煮 40 分钟后，放鸡肉煮 15 分钟熄火即可。

 牛乳房含有单宁酸、草酸。果实含果糖和草酸盐。

215

五爪金英（清肝泻火，消炎解毒，消肿止痛）

科别：菊科（Compositae）

学名：*Tithonia diversifolia*（Hemsl.）A. Gray

英名：Tithonia, Mexican sunflower

别名：王爷葵、树菊、假向日葵、太阳花、胆菊、提汤菊、狄氏菊、单叶狄氏菊、肿柄菊、菊薯。

原 产 地：中美洲墨西哥等地。

分　　布：多为人工栽培。分布于中国南部中低海拔的山野、路旁、溪旁等可见阳光处。

形态特征：多年生的灌木状草本，植株十分高大壮硕，高可达3米。茎直立，粗壮，木质化，全株被有细毛。叶互生，卵状长椭圆形或三角状卵形，全缘或掌状或3～5裂，细锯齿缘，长10～30厘米，宽6～10厘米，具长叶柄。花期为11月至翌年1月，大型的头状花序，顶生或腋生，大而醒目，直径约10厘米，雌雄同株，舌状花橘黄色，长卵状披针形，先端2歧；管状花黑褐色，密集，先端5裂；整个花序外形酷似向日葵。果实为瘦果，长约0.4厘米，扁状椭圆形或四边形，顶端有芒刺或鳞片。

采 收 期：全年可采集。洗净，鲜用，或切片，晒干。

药用部分：全草、叶、根茎。

性味归经：叶：味苦，性寒。根茎：味甘、苦，性寒；入肝、脾、肾经。

功　　效：叶：清热解毒、消肿止痛、消炎退火、实火旺盛。

根茎：消炎解毒、退虚火、清肝火、消暑利尿。

主　　治：叶：目赤口苦、便秘、急性肝炎、慢性肝炎、B 型
　　　　　肝炎、急性胃肠炎、膀胱炎、疮疡肿毒。根茎：糖
　　　　　尿病、胃炎、急性肝炎、青春痘、痈肿毒疮。

用　　量：干品 5 钱 ~ 2 两。

用　　法：水煎服；捣烂加白醋外敷。

使用注意

胃寒者勿久服。五爪金英叶大苦大寒，根泻火力较弱，
故不宜长期使用，以免损胃或引起潜在副作用。

五爪金英

青草组成应用

肝胆炎	**青草组成：** 五爪金英根 1 两、黄水茄 1 两、桶交藤 1 两、蚊仔烟草 5 钱、六角英 5 钱、金针根 5 钱。 **用法：** 水 10 碗煎 3 碗，去渣。加黑糖溶化调匀当茶饮。
急性肝炎	**青草组成：** 五爪金英根 1 两、七层塔 1 两、黄水茄 1 两、野荪 5 钱、猫须草 5 钱、白鹤灵芝草 1 两、桶交藤 1 两。 **用法：** 水 8 碗煎 3 碗，去渣。加黑糖适量调匀当茶饮。
粉瘤、肉瘤、瘾瘤	**简方：** 鲜五爪金英茎叶 60 克、黑糖 1 两。 **用法：** 水 4 碗煎煮成 8 分碗，去渣。调黑糖服。苦寒药勿久服。
肝炎、肝病	**青草组成：** 五爪金英根 5 钱、甜珠仔草 1 两、山苎麻 5 钱、黄水茄 5 钱、钮仔茄 5 钱、木棉根 5 钱、桶交藤 1 两、小化石草 5 钱、水丁香 5 钱。 **用法：**水 8 碗煎 3 碗，分三次服。

药理

五爪金英各部分药效分析：
（叶）味极苦，性寒。占全株的 75%。
（枝）味微苦，性寒。占全株的 15%。
（根）味淡微苦，性寒，占全株的 10%。
可见五爪金英的叶功效较好。

肝炎	**简方:** 干五爪金英茎叶 20～70 克、红糖 8 钱。 **用法:** 水煎,去渣。加红糖溶化,分两次服。
皮肤痒、香港脚	**简方:** 鲜五爪金英叶 1 两、鲜白鹤灵芝草 1 两、食用白醋少许。 **用法:** 将两味青草药捣烂,加入白醋调匀,取汁外涂患处,一日数次,连续擦药 3 日。
慢性肝炎	**青草组成:** 五爪金英根 5 钱、山苎麻 5 钱、大本七层塔 1 两、木棉根 5 钱、黄水茄 5 钱、龙鳞草 5 钱、桶交藤 1 两、钮仔茄 5 钱。 **用法:** 水 8 碗煎 3 碗,分三次服。

五爪金英茎叶含有蛋白质、糖类等成分。

天门冬（养阴润燥，清肺止咳，润肺滋肾）

科别：百合科（Liliaceae）

学名：*Asparagus cochinchinensis*（Lour.）Merr.

英名：Cochinchinese asparagus，Wild asparagus

别名：天冬、天文冬、大当门根、天蔓冬、天明冬、明天冬、地门冬、天门、天棘、金华、商棘、院草、管松蘠蘼、颠棘、颠勒、万岁藤、白罗杉、满冬、筵门冬、莞草、管冬、武竹、菅松、丝冬、老虎尾巴根。

原 产 地：琉球、日本以及中国中部、西北、长江流域和南方各地。

分　　布：生于山野，亦栽培于庭园。分布在我国中部、西北、长江流域及南方各地。主产于贵州、四川、广西等地。

形态特征：多年生攀缘性藤本植物，地下有簇生的肉质块根，块根呈椭圆形或纺锤形，长 4 ~ 10 厘米，表面黄白色或浅黄棕色，呈油润半透明状。老茎半木质化，嫩茎呈细蔓状，坚韧，有纵槽纹，长可达 2 米；分枝非常多，小枝呈十字对生。叶片退化成细鳞状，常变为逆短钩刺；假叶 1 ~ 2 枚至 3 ~ 4 枚群生，线形，扁平，先端锐尖，黄绿色有光泽。春至夏季开白色小花，1 ~ 4 朵簇生于叶腋，花白色带淡桃色或黄色，花被 6 枚，长卵形或卵状椭圆形；雄蕊 6 枚，雌蕊 1 枚，柱头 3 歧。浆果圆形，熟时鲜红色，内有黑褐色种子 1 枚。

采 收 期：秋冬采块根。洗净，去须根。

药用部分：块根。

性味归经：味甘、微苦，性寒；入肺、肾经。

功　　效：（块根）养阴清热、解热、化痰、利尿。

主　　治：阴虚发热、干咳、咯血、百日咳、白喉、热病伤阴、口渴、便秘、肺结核、糖尿病、慢性支气管炎引起的咳嗽、痛风、心脏水肿。

用　　量：2 ~ 5钱。

用　　法：水煎服。

 使用注意

天门冬性寒质润能滑肠，患脾虚便溏的人不宜。

青草组成应用

胸膜炎	**简方：** 天门冬 5 钱、夏枯草 1 两、车前子 5 钱、炙甘草 1 钱。 **用法：** 水煎两次服。或用天门冬 5 钱，水煎服。
带状疱疹	**简方：** 鲜天门冬 1 两、雄黄末适量。 **用法：** 将天门冬捣烂取汁，调雄黄末涂患处。
痈疽肿毒	**简方：** 鲜天门冬根适量（去外皮）、鲜瓜蒌根适量。 **用法：** 共捣烂，外敷患处。
妇女经行吐血	**简方：** 天门冬 1 斤、生地黄 1 斤、蜂蜜适量。 **用法：** 将二味药水煎三次，三次煎汤混合，煮开后用文火浓缩，加入蜂蜜收膏，早、晚各服一次，每次 1.5 匙，开水调服。
催乳	**简方：** 天门冬 2 两、猪瘦肉 1 两。 **用法：** 共炖服，饮汤食肉。

天门冬含天门冬素、B- 固甾醇、甾体皂苷和黏液质。天门冬素有镇咳、祛痰作用。

抗菌试验

对肺炎双球菌、葡萄球菌、链球菌以及白喉杆菌都有抑制作用。

天门冬萝卜汤

◎ **原料** 胡萝卜90克，猪瘦肉120克，天门冬15克

◎ **调料** 盐2克，鸡粉2克，白胡椒粉2克

◎ **做法**

1.胡萝卜洗净去皮，切滚刀块；瘦肉洗净，切块。2.锅中注水大火烧开，倒入瘦肉，汆煮片刻，捞出沥干。3.砂锅中注水烧开，倒入瘦肉、胡萝卜、天门冬，拌匀，盖上锅盖，煮开后转小火煮1个小时至熟软。4.加入盐、鸡粉、白胡椒粉，拌匀调味，即成。

天胡荽（祛风清热，利尿消肿，化痰止咳）

科别：撒形科（Umbelliferae）

学名：*Hydrocotyle sibthorpioides* Lam.

英名：Lawn pennywort，Chidomegusa，Coin pennywort，Lawn water pennywort

别名：遍地锦、圆叶止血草、破铜钱、医草、满天星、天胡荽、地光钱草、变地锦、滴滴金、地尖钱草、止血草、石胡荽。

原 产 地：热带与亚热带地区。

分　　布：生于路旁草地较湿润之处。分布辽宁、河南、江苏、浙江、安徽、湖南、江西、四川、湖北、福建、台湾、广东、广西、云南、贵州等地。

形态特征：多年生匍匐性草本。茎纤弱细长，匍匐生长，平铺于地面成片，节处生根，光滑无毛。单叶互生，圆心脏形或近肾形，直径0.5 ~ 1.6厘米，基部心形，5 ~ 7浅裂，裂片短，有2 ~ 3钝锯齿，具长柄。春、夏间开花，单一伞形花序，腋生，具花梗，花白绿色或带粉红色，每一花序有花10 ~ 15朵，花瓣卵形。双悬果略呈心脏形或扁球形，茶褐色，种子扁平，半圆形。

采 收 期：全年或夏秋季采，洗净，鲜用或晒干备用。

药用部分：全草。（可酒制、蜜制或煅制应用）

性味归经：味微苦、甘、辛，性凉（苦、辛、寒）；入肝、心、

 **抗菌试验**

本品对金黄色葡萄球菌、痢疾杆菌、变形杆菌以及伤寒杆菌均有抑制作用。

肺经。

功　　效：全草：清热解毒、利湿退黄、降火、散结、去毒。

茎叶：治小儿胎热、咽喉肿痛、外敷疮。

主　　治：胆结石、肾脏炎、尿路结石、肝硬化腹水、传染性
肝炎、黄疸型肝炎、脑膜炎、泌尿系统感染、咽喉
炎、淋巴结核、肠炎、感冒、流感咳嗽、扁桃腺炎、
目翳青盲、吐血、尿血、便血、跌打伤、肿毒、疮
疹、湿疹。

！使用注意

体虚、胃寒者慎用鲜品。

用　　量：3 钱 ~ 1 两。

用　　法：水煎服。

 本品含黄酮苷、酚类、挥发油、氨基酸和香豆精。

青草组成应用

急性肾炎

青草组成:
天胡荽1两、蚶壳草1两、野菊花5钱、车前草5钱、金钱草5钱、土茯苓5钱。
用法: 水6碗煎3碗,分三次服。

尿路结石

青草组成:
鲜天胡荽2两、鲜珍冬毛仔藤叶1两、川牛膝5钱、鸡内金3钱、车前草5钱。
用法: 水8碗煎3碗,分三次服。或加猪瘦肉3两一起炖煮服。

急性黄疸型肝炎

青草组成:
鲜天胡荽1两、车前草5钱、大青叶1两、虎杖5钱、茵陈1两、栀子根5钱、白糖1两。
用法: 水8碗煎3碗,去渣,调白糖服,分三次服。

百日咳

青草组成:
鲜天胡荽5钱、水蜈蚣5钱、鱼腥草5钱。
用法:
水煎三次,去渣,调白糖服。服用5日左右。或单用天胡荽5钱,水煎,去渣,调蜜糖服。

疳积、眼中生翳

简方:
鲜天胡荽5钱、鸡肝1副(或用猪肝2两亦可)。
用法: 青草药用清水洗净,加水炖鸡肝,食鸡肝喝汤。服5日。

脑炎

青草组成:
鲜天胡荽1两、鲜蝴蝇草1两、鲜马蹄金1两、鲜叶下红1两、鲜蚶壳草1两、鲜鸭跖草1两。
用法: 先将上药用清水洗净,共捣汁,温热服之。

风疹、荨麻疹	简方：鲜天胡荽1两。 用法：洗净加冷开水适量，绞汁，分两次服。
脚趾缝湿痒	简方：鲜天胡荽1两、食盐少许。 用法：鲜天胡荽捣食盐，外敷湿痒处。
疔疮	简方：鲜天胡荽1两、茶油适量。 用法： 洗净捣烂，调茶油敷疔疮处。（或麻油亦可）
缠身蛇、带状疱疹	青草组成： 鲜天胡荽5钱、鲜叶下红5钱、鲜爵床5钱、鲜乌仔菜5钱、鲜兔仔菜5钱。 用法：将五味青草洗净，除去水分，捣烂，外敷患处，干者再换药敷之。
喉咙肿痛	简方：鲜天胡荽2两、鲜黄花盐酸仔草1两。 用法：将两味青草洗净，共捣烂，榨原汁，调少许盐，频频含咽吞服。
肝硬化腹水	青草组成：鲜天胡荽8两、黄金蚬8两。 用法：共炖服，当茶饮。
尿路结石	青草组成： 天胡荽1两、石韦1两、车前草5钱、制香附3钱、海金沙1两、半边莲1两、崩大碗5钱。 用法：水8碗煎3碗，当茶饮。
胆囊炎、胆石	青草组成： 鲜天胡荽1两、鲜马蹄金1两、蚶壳草5钱、凤尾草1两、芦根5钱。 用法：水煎，代茶饮。（或前三味煎服亦可）

天芥菜（清热解毒，利水消肿，凉血泻火）

科别：菊科（Compositae）

学名：*Elephantopus scaber* L.

英名：Red flower elephantopus

别名：红花灯竖杇、小本丁竖杇、苦地胆、地胆头、红花毛莲菜、细本丁竖杇、灯竖杇、穗状丁竖杇、地胆草、红丁竖杇、小号丁竖杇、红花丁竖杇、细本登杇、红杇、灯竖杇、地斩头、地枇杷、矮脚地斩头、细本灯竖杇。

原 产 地：泛热带亚洲及美洲。

分　　布：多生长于山坡、旷野草地。分布于江西、福建、广东、广西、贵州、云南和台湾等地。

形态特征：多年生草本，直立，株高 30 ~ 70 厘米，全草密被白色软毛。须状根多数；茎粗壮，花期时，茎梢多分枝。叶互生，有柄，具翼，根际叶大形，多为根生，常伏地生长，匙形或椭圆状披针形，先端钝或短尖，基部窄，长 10 ~ 20 厘米，宽 3 ~ 7 厘米，两面均有粗毛，边缘部有浅锯齿；茎生叶较小。秋冬间开淡紫红色，花茎呈 2 歧分枝，头状花由多数管状花聚集而成，排列成总状，生于枝顶，通常有 3 片叶状苞，小花全为两性的管状花，花冠长 0.8 厘米，四深裂，总苞先端刺状。瘦果长 0.3 厘米，有棱，顶部具长硬刺毛 6 枚。

采 收 期：夏、秋季间采集。洗净，鲜用，或切碎晒干备用。

药用部分：全草。

性味归经：味苦、辛，性凉（苦、寒）；入肺、脾、肝经。

功　　效：凉血清热、消肿解毒。

主　　治：风热感冒、流行性感冒、结膜炎、肾炎、脚气水肿、
急性扁桃腺炎、咽喉炎、肝炎、皮肤湿疹、疖肿、
下肢溃疡、口腔溃疡、尿闭、尿黄赤、蛇伤、黄疸、
肝硬化腹水、急性黄疸型肝炎、急性肾炎。

用　　量：干品 5 钱 ~ 1 两；鲜品加倍使用。

用　　法：水煎服；捣烂外敷。

 **使用注意**

寒症患者少用，孕妇慎用。

青草组成应用

湿疹、下肢溃疡

单方：
鲜天芥菜 2 两。

用法：
洗净加水煎，洗患处。

疔肿、蛇伤

单方：
鲜天芥菜 2 两。

用法：
洗净捣烂，外敷患处。同时水煎服。

水肿

青草组成：
红骨天芥菜 1 两、车前草 5 钱、玉米须 1 两、有骨消 5 钱、白茅根 1 两。

用法：
水 8 碗煎 3 碗，当茶饮。

肾炎、水肿

青草组成：
天芥菜 1 两、有骨消 1 两、蔡鼻草 5 钱、腰子草 4 钱、水丁香 1 两、鱼腥草 5 钱（后下煎）。

用法：
8 碗水煎 3 碗，当茶饮。

尿酸症

青草组成：
天芥菜 1 两、白刺杏 1 两、红骨含羞草 5 钱、过路蜈蚣 5 钱。

用法：
水 6 碗煎 3 碗，分三次服。

天芥菜含表无羁萜醇、豆固醇、蛇麻脂醇、地胆草素、氯化钾等成分。

淋病、脚气水肿、肝病、疔疮疖肿、治肾脏炎、糖
尿病、痛风、神经痛、肾亏、蛇伤、高血压。

用　　量：干品 5 钱～1 两，鲜品 1～2 两。

用　　法：水煎服；全酒煎服。

使用注意

尿失禁者少用。白花大本灯竖杇（毛莲菜）功效不如紫
花小本灯竖杇（天芥菜）。

青草组成应用

肾脏炎水肿	**青草组成：** 毛莲菜 2 两、车前草 5 钱、金丝草 1 两、白花蛇舌草 5 钱、石韦 4 钱。 **用法：** 水 6 碗煎 3 碗，分三次服。
肾脏发炎	**青草组成：** 毛莲菜 2 两、水丁香 1 两、猫须草 5 钱、生毛将军 5 钱、土牛膝 5 钱、车前草 5 钱。 **用法：** 水 8 碗煎 3 碗，分三次服。
肾脏炎	**青草组成：** 毛莲菜 2 两、玉米须 1 两、掇鼻草 5 钱、水丁香 1 两半。 **用法：** 水 8 碗煎 3 碗，分三次服。
痛风、尿酸、脚水肿	**青草组成：** 毛莲菜 2 两半、鲜无根草 2 两半。 **用法：** 水 8 碗煎 3 碗，分三次服。
蛇伤	**简方：** 毛莲菜 3 两、米酒 1 瓶。 **用法：** 全酒煎服。

毛莲菜含表无羁萜醇、氯化钾、蛇麻脂醇、地胆草素。

肾脏病水肿	**青草组成：** 毛莲菜 1 两、玉米须 1 两、咸丰草 1 两、小本山葡萄 5 钱、猫须草 1 两、土牛膝 5 钱。 **用法：** 水 8 碗煎 3 碗，分三次服。
扁桃腺发炎	**青草组成：** 毛莲菜 3 钱、桑叶 5 钱、苦薤 5 钱、金银花 6 钱、水丁香 1 两、山豆根 2 钱、射干 3 钱。 **用法：** 水 6 碗煎 2 碗，早、晚各服 1 碗。
肾亏水肿	**简方：** 毛莲菜 2 两、猪肝 3 两。 **用法：** 共炖烂服。

(1)毛莲菜善于祛风止痛、解热、利尿，多用于妇女月经痛和风湿性关节炎、水肿等。

(2)天芥菜（紫花地胆头）善于清热解毒、凉血、利尿，多用于多种热毒症候以及脚气水肿等。

毛茛 （消肿止痛，退癀消炎，驱虫防疟）

科别：毛茛科（Ranunculaceae）
学名：*Ranunculus cantoniensis* DC.
英名：Taiwan montane buttercup
别名：野芹菜、禺毛茛、毛芹菜、大本山芹菜、疏花毛茛、小金凤花。

原 产 地：台湾固有种。

分　　布：生于田野、路边、水沟边草丛中或山坡湿草地。分布于全国各地（西藏除外）。

形态特征：多年生草本植物，全株被有白色短柔毛，株高 10～50 厘米。地下茎短，有时具匍匐枝，地上茎直立，中空，圆筒状，单一或多分枝。叶互生，根生叶，具长柄，叶片长宽皆约 3 厘米，三角状圆形，3 深裂，叶基深心形，中裂片具短柄，3 裂，裂片宽 0.2～0.4 厘米，倒卵形，全缘，侧裂片斜倒卵形，3～5 裂；茎生叶具短柄，叶片窄，最上一片最小，退化成苞片。花期 3～6 月，顶生或腋出，黄色，花具长轴；花萼 5 枚，长 0.4～0.5 厘米，卵形，边缘透明，先端钝形；花瓣 5 枚，长 0.5～0.8 厘米，倒卵状圆形，先端钝形；雄蕊多数。果实为蒴果，多数排成球形头状，阔倒卵形，呈压扁钩曲状。

采 收 期：夏、秋间采根或全草。洗净，晒干。

药用部分：根或全草。本品通常用于外敷，很少内服。

性味归经：味辛、微苦，性温，有毒。

功　　效：消肿止痛、退癀消炎、驱虫防疟、定喘、消肿退癀。

主　　治：传染性肝炎、胃痛、黄疸、牙痛、淋巴结核、风湿
　　　　　关节痛、哮喘、疟疾，偏头痛、慢性气管炎。

用　　量：外敷鲜用，适量即可。

用　　法：捣烂，外敷。全株有毒，一般不作内服。

 使用注意

> 与毛茛同属的扬子毛茛（*Ranunculus sieboldii* Miq.），
> 其瘦果较大，倒卵状有棱；而本品的瘦果较小，呈倒卵
> 状圆形，扁平且不具有棱。体虚者和孕妇忌用。

青草组成应用

黄疸	**单方：** 鲜毛茛1两。 **用法：** 将鲜毛茛捣烂，敷于内关穴或列缺穴处。敷后如有灼热感或起泡者，应立即除去。
风湿性关节痛	**单方：** 鲜毛茛1两。 **用法：** 捣烂，敷于疼痛附近穴位处。敷后如有灼热感或起泡者，应立即除去。
哮喘	**单方：** 鲜毛茛1两。 **用法：** 捣烂外敷大椎或肺俞穴位。敷后若有灼热感或起泡者，应立即除去。
胃痛	**单方：** 鲜毛茛1两、红糖适量。 **用法：** 捣烂调红糖，外敷胃俞穴和肾俞穴两穴位。

毛茛含有原白头翁素以及强烈的挥发油。

毛茛有强烈的刺激性，接触皮肤可引起炎症和起泡，内服会引起剧烈胃肠炎，并可对抗组织胺引起的支气管痉挛和回肠收缩。

疟疾	**单方：** 鲜毛茛1两。 **用法：** 捣烂，外敷大椎或内关穴，发作前3～5小时。敷后若有灼热感或起泡者，应立即除去，起泡处敷消毒纱布。
恶疮痈肿	**简方：** 鲜毛茛茎叶适量、冷饭粒适量。 **用法：** 合用捣烂，外敷患处。

 抗菌试验

毛茛对白色念珠菌以及革兰氏的阳性和阴性细菌均有抑制作用。

月桃（健脾暖胃，燥湿祛寒，止痛续筋骨）

科别：姜科（Zingiberaceae）

学名：*Alpinia speciosa*（Wendl.）K. Schum.

英名：Beautiful galangal，Shell-flower

别名：月桃子、月桃仁、草蔻、良姜、玉桃、虎子花、艳山红、良羌、大草蔻、艳山姜、草荳蔻、良姜、砂仁（种子）。

原 产 地：中国台湾、马来西亚、爪哇、琉球以及日本。

分　　布：生长于山地，也可栽培。分布在中国、印度、马来西亚、爪哇、琉球及日本的亚热带低海拔山区。

形态特征：多年生大形草本植物，株高 1～3 米。叶互生，叶片长椭圆状披针形，长 60～70 厘米，宽 10～15 厘米，叶缘生有细毛，具柄，叶鞘甚长。花期为春夏间，圆锥花序顶生，长 20～30 厘米，常向下弯垂；花漏斗状，花萼管状，花冠中的唇瓣大型而呈鲜黄色，并具有红点和条斑；雄蕊 3 枚，有 2 枚变成花瓣状，只有 1 枚具可孕性，雌蕊 1 枚，柱头从雄蕊的花药中钻出。蒴果球形，具有多数纵棱，绿色，熟时红色，径 1～2 厘米。种子多数，蓝黑或蓝灰色，具有白色膜质的假种皮。

采 收 期：秋季采集种子。全年采根茎。

药用部分：根茎、种子。代用草豆蔻。叶子民间常用来包裹粽子。（果实晒至 8～9 成干，去果皮取种子，以炒、萝卜汁浸、盐水炒或用熟地汁蒸等炮制应用）

性味归经：味辛，性温；入脾、胃、肾经。

功　　效：种子：为芳香健胃剂。月桃头：健脾暖胃、燥湿祛寒、调中止痛、行气温气止呕、化痰截疟、消炎。

主　　治：月桃头：心腹冷痛、呕吐腹泻、消化不良、肾虚腰
痛、脚抽筋、胃寒胀痛、呕酸反胃、胸腹苦闷、跌
打、痰湿积滞、食欲不振、虚劳冷泻、胎动不安、
痨伤。

用　　量：5 钱 ~ 1 两。

用　　法：水煎服；捣烂外敷；
水煎外洗患处。

 **使用注意**

阴虚和实热的人勿用。

 月桃种子含有挥发油、桉叶素、棕榈酸、蒎烯。
月桃叶含有桉叶素、龙脑、蒎烯。

青草组成应用

皮肤痒症

简方：
月桃茎块 5 块、白矾少许、粗盐少许。

用法：
加水适量一起煎煮，外洗皮肤痒处。

皮肤痒疹

青草组成：
月桃茎块 2 两、三角盐酸草 2 两、白埔姜 2 两、
叶下红 2 两、白矾适量、粗盐适量。

用法：
水 10 碗煮浓汁，去渣，加白矾和粗盐调匀后外
洗患处。

胎动不安

简方：
砂仁 2 钱（捣碎备用）、麦芽糖 5 钱。

用法：
将捣碎的砂仁放入茶杯内，冲滚开水泡，再加入
麦芽糖溶化后，分两次服。

**跌打损伤、
续筋止痛**

简方：
鲜月桃根 2 两、猪瘦肉 3 两、米酒 2 碗。

用法：
水 2 碗，米酒 2 碗，加猪瘦肉炖烂，分两次服。
并以鲜根捣烂，外敷伤处。

**胃病、
胃下垂**

简方：
月桃根 1 两、佛手根 1 两、茄冬根 1 两、梅树根
1 两、桂花根 1 两、白橄榄根 1 两。

用法：
水 8 碗煎 3 碗，三餐饭前各服 1 碗。

风湿痹痛、跌打瘀痛、牙痛	**青草组成:** 月橘根 5 钱～ 1 两、两面针 5 钱、铁包金 1 两、黄金桂 1 两、七叶莲 5 钱。 **用法:** 水煎,分两次服。(牙痛和蛇虫咬伤,根或茎叶捣烂敷患处)
跌打内伤	**简方:** 鲜月橘 5 钱～ 1 两、米酒 1 碗。 **用法:** 水 2 碗,酒 1 碗,煎 8 分服之。或鲜叶 1 ～ 2 两,捣烂约半碗,冲温热米酒服。 **备注:** 服后会出现呕吐,吐后即愈。
B 型脑炎	**简方:** 月橘叶 5 钱～ 1 两、鬼针草 3 两、牛筋草 5 钱～ 1 两。 **用法:** 水煎服。(对发高烧、呼吸衰竭、抽搐等均有显著的改善)

月橘叶含有挥发油、月橘素、黄酮类、香豆精苷以及芸香苷等。茎皮含月橘香豆素和月橘素。

月橘有麻醉作用,作局部麻醉时,其刺激性较大,若与入地金牛并用注射,则可减轻刺激性。

六神花（麻醉，止咳平喘，消炎解毒，消肿止痛）

科别：菊科（Compositae）

学名：*Acmella oleracea*（L.）R. K. Jansen

英名：Spilanthes，Toothache plant

别名：六神草、铁拳头、金钮扣、一点红、天文草、六神丹、金再钩、天神草、千日菊、荷兰千日红、千日红、假千日红、牙痛草、斑花菊、桂圆菊。

原 产 地：热带美洲、亚洲热带与亚热带地区。

分　　布：常生于田边、沟边、溪旁潮湿地、荒地、路旁及林缘。分布于云南、广东、广西及台湾等地。

形态特征：一年生草本植物，全株平滑，株高 20 ~ 30 厘米，多分枝成丛生状，斜升或直立，茎圆柱形，带暗紫色，着地生根。叶对生，具柄，柄长 2 ~ 4 厘米，叶片卵形或卵状披针形，长 2 ~ 6 厘米，宽 2 ~ 5 厘米，基部心形或广楔形，先端尖或渐尖形，波缘或复为锯齿缘，两面无毛，纸质。头状花序顶生或腋生，花梗长 5 ~ 12 厘米，头状花序呈球形至圆形，径约 1.2 厘米，总苞绿色，花未开时紫色或暗紫色，开花时为黄色或鲜黄色，如一粒粒钮扣而得名，头状花序全数由管状花组成，每朵小花具舟形小苞。瘦果扁平，两缘具冠毛缺口。春、夏、秋季均能开花，花期极长。

采 收 期：夏、秋季间采花。全年采茎叶。

药用部分：花或全草，茎叶。（全草用于消肿止痛或风湿痛者，可酒制应用）

性味归经：味苦辛，性凉微温。（果有小毒）

功　　效：花：消炎止痛、消肿解毒。全草：消炎解毒、消肿
　　　　　 止痛、止咳平喘、止痛平胃、解毒利湿。

主　　治：花：牙齿痛、腹痛、疔疮肿痛。茎叶：腹泻、肠炎、
　　　　　 口腔炎、牙痛、肺炎胸痛、咳喘、肺病、疟疾。（胃
　　　　　 痛用全草）

用　　量：茎叶 2 ~ 5 钱，花果 1 ~ 4 钱。

用　　法：水煎服；冲泡饮用；捣烂外敷。

 使用注意

　　身体虚寒者慎用。外敷不得长时间使用。

青草组成应用

脑神经衰弱、心气不宁

青草组成：

六神花5个、苍耳草头1两、茜草根5钱、磨盘草头5钱、七层塔3钱、伤寒草3钱、木棉二层皮3钱、苦瓜根3钱、蚊仔烟草3钱、定经草3钱、枸杞根3钱、苦草3钱、蒲公英3钱、山葡萄5钱、刺桐皮3钱。

用法：

水10碗煎3碗，去渣。加冰糖1两，炖溶化后，分三次服。

牙龈肿痛

简方：

六神草8钱（清水洗净）。

用法：

水2碗半煎8分服之。

腹胀痛

简方：

六神草两株（清水洗净）。

用法：

将六神草放置于茶杯中，用沸开水冲泡饮之。

牙痛

简方：

六神花1粒（清水洗净）。

用法：

咬于牙痛处，会一直流口水，3～5分钟后即愈。

喉咙肿痛

简方：

六神草2株（清水洗净）。

用法：

沸开水冲泡，频频含咽。

妇女经痛	**用法：** 妇女月经来时腹痛，可服用 1 小杯六神草酒，可止痛。
肿毒	**简方：** 六神草全草 2 株、一点红 2 株、紫花地丁 2 株。 **用法：** 共捣烂，外敷患处。

六神花含有六神草醇、三萜类香树脂醇、豆固醇以及有机酸等。果实含辛辣金钮扣醇。

六神花味辛辣，有局部刺激性和麻醉止痛作用，多用于止痛。

白花虱母子 （清热利湿，祛瘀活血，滋阴入肾）

科别： 锦葵科（Malvaceae）

学名： *Urena lobata* L. var. *alibflora* Kan

英名： Urena cadillo，Lobate wild cotton，Caesarweed

别名： 虱母子、三脚破、野棉花、白虱母子头、牛虱母子、肖梵天花、虱母子头、虱母球、地桃花。

原 产 地：中国台湾。

分　　布：主要分布于全岛的山坡、路旁草丛或灌木丛中，喜欢日照充足、温暖而干燥的环境。

形态特征：多年生常绿亚灌木，株高约1米。茎直立，全株密被白色柔或星状毛。单叶互生，叶柄长1～2厘米；托叶2枚，条形，被毛；叶片形状、大小差异甚大，卵状三角形、卵形至圆形，长4～7厘米，宽2～6厘米，先端钝，基部心形，有时宽楔形或钝圆，不裂或具3～5浅裂，不超过叶的中部，边缘有不规则重锯齿，沿叶缘内面有颜色较浅的斑痕，叶面被柔毛，叶背则有星状绒毛，掌状主脉3～7条。花期5～12月，花单生或簇生于叶腋，白色的花有椭圆形的花瓣5枚，长约1厘米，先端钝圆，具雄蕊多数，基部连合成筒状；雌蕊柱头10裂，模样清新讨喜。蒴果球形，直径约1厘米，不只密生星状毛，而且具有伞状的倒钩刺毛，会像"虱母"（头虱）一样黏附在人畜身上而传播各地，因此得名。

采 收 期：全年可采集。洗净，切碎，晒干备用。

药用部分：根、茎、叶或全草。

性味归经：味甘、淡，微苦，性平；入肝、肾经。

功　　效：调经理带、消炎解毒、祛风活血、散瘀消肿。

主　　治：妇女赤白带、胃痛、肠炎痢疾、感冒头痛、风湿痹痛、水肿、小便白浊、淋病、梅毒、跌打损伤、偏头痛、乳腺炎、月经不调、子宫癌。

用　　量：干品5钱～4两。

用　　法：水煎服。

使用注意

孕妇忌服。

青草组成应用

妇女白带	**青草组成：** 白花虱母子头 1 两、白肉豆根 1 两、白龙船花头 1 两、鸭舌癀 5 钱、龙眼花 5 钱、益母草 5 钱。 **另方：** 自刺苋 5 两、决明子 1 两，以水 8 碗煮 4 碗，与猪小排炖服。 **用法：** 水 8 碗煎 3 碗，分三次服。
妇女白带过多	**单方：** 白花虱母子头 2 两、猪瘦肉 3 两。 **用法：** 洗净后用 5 碗水，与猪瘦肉共炖烂，分次服之。
尿酸小便不畅	**青草组成：** 白花虱母子头 1 两、大飞扬 1 两、白鹤灵芝草 1 两、冇骨消 5 钱、对叶草 5 钱。 **用法：** 水 8 碗煎 3 碗，当茶饮。
妇女经前腹痛	**青草组成：** 白花虱母子头 1 两、白花益母草 5 钱、含壳草 5 钱、金钱薄荷 3 钱、莎草根 5 钱、猪瘦肉 4 两。 **用法：** 水 3 碗，酒 3 碗，煎 2 碗，去药渣。加猪瘦肉，炖烂，早、晚饭前各服一次。
胃溃疡，胃、肠穿孔	**单方：** 白花虱母子头 3 两、猪排骨 4 两、白煮饭花头 1 两。 **用法：** 水 6 碗，加猪排骨共炖烂，分次服之。服 5～10 日。

急性肾炎水肿	**青草组成：** 白花益母草 1 两、夏枯草 5 钱、黄芩 3 钱、车前草 5 钱、白茅根 1 两。 **用法：** 水 8 碗煎 3 碗，分三次服。
目赤肿痛	**青草组成：** 茺蔚子（益母草种子）4 钱、白菊花 2 钱、青葙子 3 钱、千里光 5 钱、桑叶 3 钱。 **用法：** 水煎两次，早、晚饭后各服一次。
胃炎水肿	**青草组成：** 白花益母草 1 两半、鸟不宿（即楤木）2 两、石韦 5 钱、车前草 5 钱。 **用法：** 水 8 碗煎 3 碗，当茶饮。连服 1 星期。
月经不调	**便方：** 白花益母草 5 钱、炒香附 3 钱、红糖 5 钱。 **用法：** 将两味药水煎，去渣。连服 5 日。
妇女赤白带	**青草组成：** 白花益母草 8 钱、白肉豆根 5 钱、山龙眼根 5 钱、白龙船花根 1 两、白花虱母子根 5 钱、雷公根 5 钱、红骨含羞草根 1 两、公猪小肚 1 个。 **用法：** 水 4 碗，酒 2 碗，煎成 2 碗，加猪小肚，炖烂，分两次服。

瘰疬、淋巴腺肿瘤

青草组成：
白花益母草根3两、有骨消根1两、土茯苓2两、钮仔茄根1两、双面刺5钱。

用法：
水4碗，酒4碗，加青壳鸭蛋2个，煎成2碗，分两次服。

肾炎水肿

青草组成：
红花益母草1两、笔仔草1两、车前草5钱、白花蛇舌草5钱。

用法：
水5碗煎2碗，分两次服。

益母草碱静脉注射于兔子有明显的利尿作用。益母草对子宫的兴奋作用，叶片的功能较根部强，而茎则完全没有这种活性，故以叶片的使用为胜。

◎结果

益母草煲鸡蛋

◎ 原料 益母草 12 克，熟鸡蛋 2 个

◎ 做法

1.将煮熟的鸡蛋剥去外壳。2.把鸡蛋放入碗中待用。3.砂锅中注入适量清水烧开，倒入洗净的益母草。4.盖上盖，用小火煲20分钟。5.揭盖，倒入准备好的熟鸡蛋。6.盖好盖，用小火煮10分钟。7.关火，揭盖，用锅勺搅拌匀。8.把煮好的汤盛出，装入汤碗中即可。

益母草鲜藕粥

◎ 原料 益母草 5 克，莲藕 80 克，水发大米 200 克

◎ 调料 蜂蜜少许

◎ 做法

1.莲藕洗净去皮，切成块。2.砂锅中注水烧热，倒入益母草，拌匀。3.盖上锅盖，用中火煮20分钟至其析出有效成分，再捞出。4.倒入洗好的大米，搅拌匀。5.盖上锅盖，煮开后转小火煮40分钟。6.倒入莲藕块，搅拌匀，再盖上锅盖煮10分钟。7.揭开锅盖，淋入少许蜂蜜，拌匀，使食材入味，即成。

白冇骨消 （解热消炎，祛湿消肿）

科别：唇形科（Labiatae）

学名：*Hyptis rhomboides* Mart. & Gal

英名：Rhomboid bushmint

别名：头花香苦草、吊球草、冇广筒、圆仔草、冇广麻、冇筒麻、头花香荠草、头花假走马风、四方草、石柳、四俭草、头花四方骨、假走马风、丸子草、山丹花、尖尾风、冇癀麻。

原　产　地：热带美洲。

分　　　布：从海边到低海拔的山野、荒地、路边、水田边或菜园边等较潮湿的地方。遍布南北各地。

形态特征：一年生木质状草本植物，株高 50 ～ 150 厘米，全株被毛。茎直立，四棱形，具浅槽和细条纹，粗糙，绿色或紫色。叶对生，纸质，翼柄，披针形或长椭圆形，长 5 ～ 12 厘米，宽 1 ～ 2.5 厘米，两端渐狭，有不整齐锯齿缘，叶背密布黑色腺点。花期春至夏季，头状花序球形，径 1.2 ～ 1.5 厘米，总花梗长 3 ～ 10 厘米，腋生，苞片多数，披针形或线形，长度超过花序，全缘，密被疏柔毛。花萼绿色，长约 0.4 厘米，宽约 0.2 厘米，果时管状增大，可长达 1 厘米，宽 0.3 厘米，基部披长柔毛；花白色，花冠 2 唇形，上唇短，长 0.1 ～ 0.12 厘米，先端 2 圆裂，裂片卵形，外反，下唇长约为上唇的 2.5 倍，3 裂，中裂片较大，凹陷，具柄，侧裂片较小，三角形；雄蕊 4 枚，插生于花冠喉部；花柱先端宽大，2 浅裂。果期 8 ～ 12 月，小坚果长圆形，腹面具棱，栗褐色，长约 0.12 厘米。

采 收 期：夏、秋间采全草。洗净，晒干备用。

药用部分：全草、根、叶。

性味归经：味甘、微苦，性凉；入肺、心、肝、肾经。

功　　效：全草：散风热、消滞、利尿、行血。叶：消肿。

主　　治：全草：感冒、中暑、肺病、气喘、淋疾、腹痛、肝炎、乳痈、麻疹、疔疮、肺痈、肺膜引起肺积水、淋疾。叶：外敷疔疮肿毒。

用　　量：干品 5 钱～ 2 两。

用　　法：水煎服；捣烂外敷。

！ 使用注意

气血两虚者慎用或少用。

青草组成应用

摄护腺肥大、小便不畅

青草组成：

白有骨消 1 两、大飞扬 1 两半、天芥菜 1 两、笔仔草 5 钱、车前草 5 钱、红骨掇鼻草 5 钱、粉藤 1 两。

用法：

水 10 碗煎 3 碗，去渣。当茶饮服。

中暑小便涩痛

青草组成：

白有骨消 1 两、金丝草 1 两、凤尾草 5 钱、车前草 5 钱、珍冬毛 5 钱、鬼针草 1 两、鼠尾癀 5 钱、接骨草 5 钱。

用法：

水 8 碗煎 3 碗，去药渣。加黑糖溶化，分三次服。

身体虚弱湿毒

单方：

白有骨消 2 两、羊肉 4 两、米酒 1 瓶。

用法：

酒 1 瓶，与羊肉共炖烂服。

麻疹

简方：

白有骨消根 5 钱、六角英 5 钱、白茅根 1 两、冬瓜糖 1 两。

用法：

水 5 碗煎 2 碗，分 2～3 次服。

疖疽

单方：

鲜白有骨消叶 1 两。

用法：

捣烂，外敷患处。

肝炎、黄疸	**青草组成：** 白右骨消根 1 两、山栀根 5 钱、茵陈 5 钱、虎杖 5 钱、黑枣 6 枚。 **用法：** 水 5 碗煎 2 碗，分两次服。
肝炎、肝硬化	**简方：** 白右骨消 2 两、芦荟 2 片、猪瘦肉 3 两。 **用法：** 先将白右骨消洗净，用第二次洗米水 5 碗煎成 2 碗，去渣。再将芦荟去皮取肉汁，与猪瘦肉切片，同煎汤共炖烂，分两次服，吃肉饮汤。
糖尿病	**青草组成：** 红骨右骨消 1 两、天芥菜 1 两、白刺杏 5 钱、含羞草头 1 两、破布子根 1 两、茄冬根 5 钱、腰子草 3 钱、骨碎补 3 钱、猪排骨 4 两。 **用法：** 水 8 碗煎 3 碗，加猪排骨，炖烂，分三次服。连续服用一段时间见效。
肾脏病小便不利	**青草组成：** 白右骨消 7 钱、无根草（兔丝子）1 两、扛香藤 1 两、蒲公英 1 两、凤尾草 7 钱、铁雨伞 1 两、鸡鵤刺 5 钱。 **用法：** 水 10 碗煎 3 碗，当茶饮。

白花草 （清热解毒，消炎退瘀）

科别：唇形科（Labiatae）

学名：*Leucas mollissima* Wall. var. chinensis Benth.

英名：Chinese leucas

别名：虎咬瘀、白花仔草、避邪草、客家抹草、金钱薄荷、春草、鼠尾瘀、鼠尾草、小抹草、小鱼针草、小本霍香、滨海白绒草。

原 产 地：中国、东南亚、印度等地。

分　　　布：生于海拔 190 ~ 1000 米的山坡、林下或路边。分布于长江流域以南和台湾、西藏等地。

形态特征：多年生草本，株高 30 ~ 60 厘米。茎基部横卧，近方形，多分枝，全株被白色细毛。叶对生，卵形或广卵形，粗锯齿缘，长 1 ~ 3 厘米，宽 1 ~ 2.5 厘米，先端钝形，基部钝形至楔形，两面密生白色伏生绢状毛。花期 3 ~ 10 月，轮生聚伞花序密生于叶腋，花萼筒状，10 齿裂，裂片狭三角形；花冠筒状，白色，2 唇裂，上唇直立，微凹，下唇 3 裂，雄蕊 4 枚，雌蕊 1 枚。结果期 4 ~ 11 月，小坚果细小，近三棱形，尾部尖，褐色，粗糙，有光泽。

采 收 期：春至秋季采集。洗净，晒干备用。

药用部分：全草。（视需要可作各种炮制应用）

性味归经：味苦，性凉；入肺、肝、胆、肾、大肠、小肠经。

功　　效：凉肺、行血、利尿，为百草茶原料之一。

主　　治：肺热咳嗽、黄疸肝炎、肾炎、胸闷、肠炎、痢疾、
　　　　　阳痿、盲肠炎、胆结石、咯血、子宫炎、乳腺炎、
　　　　　小便黄赤、肾虚、白带、中暑、疔疮肿毒、皮肤湿
　　　　　疹、毒蛇咬伤。

用　　量：干品 5 钱 ~ 1 两。

用　　法：水煎服；捣烂外敷。

 使用注意

体虚、胃寒者忌服；勿久服，以免寒上加寒。

青草组成应用

妇女白带	**青草组成：** 白花草 1 两半、白花益母草 1 两、白肉豆根 1 两半。 **用法：** 水 8 碗煎 2 碗，去药渣。加猪肝 2 两，炖烂，早、晚饭前各服 1 碗。
五癀汤（消炎退癀）	**青草组成：** 白花草 3 钱（可用到 5 钱~1 两）、柳枝癀 3 钱、茶匙癀（菁芳草）3 钱、大丁癀 3 钱、鼠尾癀 3 钱。 **用法：** 水煎两次服。（五癀汤与中药的三黄汤类似，但五癀汤消炎退癀力较强，且不输西药的消炎剂。但不可以久服，以免伤胃，或胃肠病患者勿服）
急慢性湿疹	**简方：** 鲜白花草 1 两、鲜鹅不食草 1 两。 **用法：** 共捣烂，外敷患处。
皮肤搔痒症	**简方：** 鲜白花草 3 两、鲜马缨丹 2 两、鲜鹅不食草 1 两。 **用法：** 水 10~15 碗煎浓汁，睡前外洗搔痒处。
小便黄赤	**青草组成：** 白花草 5 钱、金丝草 1 两、车前草 8 钱、珍冬毛 8 钱、含壳草 5 钱、红糖 5 钱。 **用法：** 8 碗水煎 3 碗，去渣。加红糖溶化后，当茶饮

乳腺炎、疔疮肿毒、蛇咬伤	**单方：** 鲜白花草1两（洗净）。 **用法：** 捣烂，外敷患处。
中暑下痢	**青草组成：** 白花草5钱、荷莲豆草5钱、红乳草1两、凤尾草1两、黑糖适量。 **用法：** 水6碗煎3碗，去渣，加黑糖炖5分钟，当茶饮。
痢疾	**青草组成：** 白花草1两、凤尾草1两、蚶壳草5钱、车前草5钱、红乳草5钱、红糖1两。 **用法：** 水6碗煎3碗，去渣。加红糖炖5分钟，分三次服。
大肠炎	**青草组成：** 白花草1两、大飞扬1两、金榭榴1两、凤尾草1两、咸丰草1两、红糖1两。 **用法：** 水6碗煎2碗，加红糖煮溶化后，分两次服。
小婴儿哭啼（有避邪作用）	**民间用方：** 白花草适量、鸡屎藤适量。 **用法：** 将两味青草药用清水洗净，然后分为双日和单日使用。农历双日以白花草煎水沐浴，农历单日用鸡屎藤煎水沐浴，或擦身体亦可。

白花菜 （解热利尿，消炎退癀，去伤解郁）

科别：白花菜科（Capparidaceae）

学名：*Cleome gynandra* L.

英名：Spiderflower，Common spiderflower

别名：羊角菜、白花五爪金龙、屡折草、白花仔菜、猪屎菜、臭狗粪、臭豆角、白花子菜、五爪金龙、山绿豆、五叶莲、臭花菜、猪屎草、五梅草、臭矢菜、臭屎菜。

原 产 地：热带非洲。

分　　布：生长于荒地，或栽培于庭园。分布河北、河南、安徽、江苏、广西、台湾、云南、贵州、广东等地。

形态特征：一年生草本植物，株高 40 ~ 100 厘米。茎直立，多分枝，全株密被黏性腺毛，有恶臭。掌状复叶互生，柄长 3 ~ 7 厘米，小叶 5 片，膜质，倒卵形或菱状倒卵形，近全缘，长 2.5 ~ 5 厘米，宽 1 ~ 2 厘米，先端锐或钝，基部楔形，全缘或有细齿，叶面无毛，叶背的叶脉上微有毛。春 ~ 秋季间开白花，总状花序顶生，花梗基部有叶状苞片 3 枚；萼片 4 枚，卵形，先端尖；花瓣 4 枚，倒卵形，长约 1 厘米，宽约 0.5 厘米，基部有长爪，白色或淡紫色；雄蕊 6 枚，花丝下部附着于雌蕊的子房柄上；雌蕊子房有长柄，凸出花瓣之上，花柱短，柱头扁头状。果期 6 ~ 9 月，蒴果圆柱形，呈长角状，长 5 ~ 10 厘米，先端有宿存柱头。种子肾脏形，黑褐色。中部微陷，表面有凸起的皱褶状膜。

采 收 期：夏、秋季间采集。洗净，晒干备用。

药用部分：全草或根、叶、种子。

性味归经：味苦辛，性温，有小毒；入肝经。

功　　效：活血通络、祛瘀消肿。（民间常用来治小儿发育）

主　　治：全草：肾亏内伤、肠炎痢疾、发烧、白带、下消、淋病、跌打损伤、发育不良。种子：风湿痹痛、跌打伤、痔疮、疟疾。

用　　量：干品 5 钱 ~ 2 两。

用　　法：水煎服；捣烂酒炒外敷。

使用注意

不可以多服，以免伤脾胃。

青草组成应用

小便白浊	**青草组成：** 白花菜 1 两、磨盘草头 1、白粗糠 1 两、倒爬麒麟 5 钱、白肉豆根 1 两。 **用法：** 水 4 碗，酒 4 碗，煎 2 碗，去渣。加公猪小肚炖烂，早、晚饭前各服 1 碗。
妇女白带症	**青草组成：** 白花菜 1 两、白刺杏 1 两、盘龙参 5 钱、龙眼花 5 钱、白果 3 钱。 **用法：** 水 3 碗，酒 3 碗，煎 2 碗，去渣。加猪粉肠，炖烂，早、晚饭前各服 1 碗。
小便尿量少	**青草组成：** 白花菜 1 两、车前草 5 钱、凤尾草 1 两。 **用法：** 水 4 碗，加猪小肠，炖烂，分两次服。
急性乳腺炎红肿剧痛	**青草组成：** 白花菜 1 两、蒲公英 1 两、武靴藤 5 钱、黄水茄 8 钱、接骨草 8 钱、鱼针草 5 钱。 **用法：** 将六味青草药洗净，加酒 5 碗，炖 1 小时服。
寒性白带多、下腹冷痛	**青草组成：** 白花菜 1 两、公猪小肚 1 个。 **用法：** 共炖烂服。
小儿发育不良	**民间用方：** 白花菜根 1～2 两、猪肠 1 条。 **用法：** 加水共炖熟，分 2～3 次服。（可去伤）
跌打新伤、内伤	**简方：** 鲜白花菜 2 两（洗净）、米酒适量（温热）。 **用法：** 将白花菜绞汁半碗，冲入温热酒服。

子宫癌	**青草组成:** 白花菜 5 钱、夏枯花 1 两、钮仔茄 1 两、倒地铃根 1 两、蒲公英 5 钱、金银花 5 钱、武靴藤 5 钱。 **用法:** 水 8 碗煎 2 碗,早、晚各服 1 碗。
糖尿病	**青草组成:** 白花菜 5 钱、龙眼根 5 钱、白龙船根 5 钱、红骨含羞草头 1 两、白肉豆根 5 钱、番仔刺 5 钱、白粗糠 1 两、玲珑仔草 1 两、消渴草 1 两。 **用法:** 水 8 碗煎 1 碗,渣以水 5 碗煎 1 碗,两次煎汤混合,分两次服。
糖尿病	**青草组成:** 白花菜 6 钱、番仔刺 6 钱、白肉豆根 6 钱、小金樱 3 钱、白龙船花根 6 钱、龙眼根 6 钱、白粗糠 6 钱、大金樱根 3 钱、铁雨伞 5 钱、金石榴根 6 钱、山药 5 钱。 **用法:** 水 8 碗煎 2 碗,早、晚饭后各服 1 碗。
新伤	**简方:** 鲜白花菜 30 ~ 60 克、猪瘦肉 120 克。 **用法:** 半酒水炖服。
跌打肿痛、酸痛	**简方:** 鲜白花菜 1 两、米酒少许。 **用法:** 将白花菜捣烂,酒炒热,待微温时外敷痛处(切记不可超过 10 分钟)。

白花菜全草含有挥发油、芥子油。

(1)白花菜易动风气,导致内脏胸腹郁闷,不宜多服,以免伤脾胃,尤其是叶片有抗刺激作用,勿多服。
(2)本品鲜叶外敷不可超过10分钟,以免伤皮肤。

白刺杏 （清热利湿，消炎去带，收敛止泻）

科别：苋科（Amaranthaceae）

学名：*Amaranthus spinosus* L.

英名：Spiny amaranth，Spiny pigweed，Needle burr，Soldier weed，Thorny amaranth

别名：白刺苋、刺苋、笏苋菜、假苋菜、簕苋菜、土苋菜、野苋菜、刺苋菜、刺幸、刺搜、刺刺草、猪母菜、酸酸苋、野刺苋、猪母刺。

原 产 地：热带美洲。

分　　布：生长在田间、路旁发现到它的踪迹。分布在陕西、河南、安徽、江苏、浙江、江西、湖南、湖北、四川、云南、贵州、广西、广东、福建、台湾等地。

形态特征：一年生直立草本植物，株高可达 1 米。茎绿色或红色，有分枝，茎上有细棱和尖锐细刺，无毛或疏生短毛。叶绿色，互生，卵状披针形、菱状卵形或长椭圆形，有长柄，叶腋内有锐刺。夏至秋季开淡绿色或绿白色花，簇生于叶腋或排成顶生或腋生稠密的穗状花序，长可达 15 厘米，花极小，绿色，单性或杂性，雌花多集中于下侧，而雄花则位于上方；苞片窄披针形或狭卵形，先端具细芒或变成尖刺；花被 5 枚，长卵形或阔倒披针形，端尖。盖果椭圆形，具有明显的皱纹，成熟后横向裂开，上半部像帽子般脱落，其内含有具光泽的黑褐色球形种子。

采 收 期：夏、秋季采集。洗净，切段，晒干备用。

药用部分：全草、根。

性味归经：味甘、淡，性凉；入肺、肝、肾、心经。

功　　效：全草：清热解毒、凉血、止血、益肾、通便、去湿、消肿。（肝、肾要药）

主　　治：急性肠炎、细菌性痢疾、下消、白带、淋浊、眼疾、尿道炎、便秘、月经不调、肾炎、小便不利、胃溃疡出血、痔疮出血。

用　　量：干品 1 ~ 2 两。

用　　法：水煎服。

！使用注意

> 孕妇、虚寒痢疾、胃或肺出血者勿服。妇女月经期间不可服用。

青草组成应用

小便白浊、四肢酸软无力

青草组成：
白刺杏 1 两、红药头 1 两、白龙船根 1 两、红骨蔡鼻草 5 钱、金樱根 5 钱、白花螃蟹目 1 两。

用法：
水 4 碗，酒 4 碗，煎 2 碗，去渣。加猪排骨 4 两，炖烂，早、晚饭前各服 1 碗。

尿酸

青草组成：
白刺杏 1 两、天芥菜 1 两、过路蜈蚣草 1 两、红骨见笑草 5 钱、虱母子头 5 钱、埔盐 1 两。

用法：
水 8 碗煎 3 碗，当茶饮。

妇女月经不调

青草组成：
白刺杏 1 两、鸡屎藤 5 钱、白肉豆根 5 钱、艾草 4 钱、鸭舌癀 5 钱、白龙船根 1 两、益母草 4 钱。

用法：
水 4 碗，酒 4 碗，煎 2 碗，分两次服。

急性淋病、尿血

青草组成：
白刺杏 1 两、枸杞根皮 5 钱、红甘蔗皮 1 两、麦门冬 4 钱、白茅根 5 钱、冰糖 1 两。

用法：
水 6 碗煎 3 碗，去药渣。加冰糖溶化，分三次服。

肠炎、痢疾、痔血

青草组成：
白刺杏 1 两、凤尾草 1 两、鳢肠 1 两、小飞扬 5 钱、含壳草 5 钱。

用法：
水 6 碗煎 2 碗，分两次服。

白刺杏

小便白浊、下消症	**青草组成：** 白刺杏 1 两、白粗糠 1 两、白肉豆根 1 两、白龙船花根 1 两、白石榴 1 两、小本山葡萄根 1 两。 **用法：** 水 4 碗，酒 4 碗，煎 3 碗，去渣。加猪排骨 4 两，炖烂，分三次服。
三白汤	**青草组成：** 白刺杏头 2 两、白龙船花头 2 两、白肉豆根 2 两。 **用法：** 水 8 碗煎 3 碗，分三次服。或炖猪排骨服。本方可随症状加配他药应用。 **适应症：** 妇女白带、小便淋浊、泌尿道感染、眼睛疾病、痔疮、肾虚等症。
蛋白尿、肾脏炎、肾盂炎	**青草组成：** 白刺杏头 1 两、爵床 5 钱、枸杞根 5 钱、千斤拔 3 钱、灯心草 2 钱、麦门冬 4 钱、牡蛎 5 钱、冰糖 2 两。 **用法：** 水 6 碗煎 3 碗，分三次服。
摄护腺肥大、小便不利	**青草组成：** 鲜白刺杏 4 两、鲜大飞扬 4 两、鲜白茅根 4 两。 **用法：** 水 15 碗煎 3 碗，当茶饮。

药理

(1)本品清热解毒作用强，用于急性扁桃腺炎、急性
支气管炎疗效良好。所含的黄酮，有止咳、祛痰
和平喘的作用。

(2)动物试验：对大鼠有预防肝损伤作用；黄酮和
提取物在体外对流感病毒、金黄色葡萄球菌、A型
链球菌、肺炎球菌、大肠杆菌、绿脓杆菌等，均有
较强的抑制作用。

夏枯草金钱草茶

◉ 原料 夏枯草 5 克，
金钱草 5 克

◉ 做法

1.砂锅中注入适量清水烧热。2.放入备好的夏枯草、金钱草。3.盖上锅盖，用大火煮约15分钟至药材析出有效成分。4.关火后将煮好的药汁滤入杯中即可。

夏枯草鸡肉汤

◉ 原料 鸡腿肉 300 克，
夏枯草 3 克，生地 5 克，密蒙花 5 克，
姜片、葱段各少许

◉ 调料 盐 2 克，鸡粉 2 克，料酒
8 克

◉ 做法

1.砂锅中注水烧热，倒入生地、密蒙草、夏枯草，盖上锅盖，煮20分钟至药材析出有效成分，再捞出。
2.倒入备好的鸡腿肉、姜片、葱段，淋入少许料酒。3.盖上锅盖，煮开后转小火煮2小时至食材熟软。
4.揭开锅盖，撇去浮沫。5.加入少许盐、鸡粉，搅匀调味，即成。

夏枯草瘦肉汤

◉ **原料** 猪瘦肉100克，夏枯草、枸杞各10克

◉ **调料** 盐、鸡粉各少许

◉ **做法**

1.瘦肉洗净，切成丁。2.砂锅中注水烧开，放入洗净的夏枯草，拌匀后盖上盖，煮沸后用小火煮约15分钟，再捞出药材。3.倒入枸杞、瘦肉丁，拌匀。4.盖好盖，烧开后用小火煮约20分钟，至食材熟透；加入少许盐、鸡粉调味；用中火续煮一会儿，即成。

夏枯草黑豆汤

◉ **原料** 水发黑豆300克，夏枯草40克，冰糖30克

◉ **做法**

1.砂锅中注入适量的清水大火烧开。2.倒入备好的黑豆、夏枯草，搅拌片刻。3.盖上锅盖，煮开后转小火煮1个小时析出成分。4.掀开锅盖，倒入备好的冰糖。5.盖上锅盖，续煮30分钟使其入味。6.掀开锅盖，持续搅拌片刻。7.将煮的汤盛出装入碗中即可饮用。

石榴 （驱虫，止带，收敛止泻）

科别：安石榴科（Punicaceae）
学名：*Punica granatum* L.
英名：Pomegranate，Delima
别名：安石榴、石榴根、石榴皮、榭榴、谢榴、红石榴（另有白花品种，称为白石榴）。

原 产 地：地中海沿岸以及小亚细亚。

分　　布：生于山坡向阳处或栽培于庭园。我国大部分地区普遍栽培。

形态特征：落叶性灌木或乔木，株高2～10米。枝桠分枝多，小枝方形，末梢常呈刺棘状，平滑无毛。叶对生或丛生于枝条，叶片为长椭圆形，先端尖，全缘。5～8月开花，花两性，聚伞花序或单生、顶生或腋生，花萼为筒状漏斗形，先端5～7裂，花瓣5～7枚或多枚，橙红色，为阔倒卵形，略为皱缩，雄蕊多数。浆果近球形，径5～10厘米，初时黄色，熟时红色，上部裂开，果实萼筒与子房连生，形成果皮；果皮内通常分为6个子室，以薄膜隔开，每个子室内有多数种子，种子的外种皮为肉质，具汁液，富含清香与酸甜味。

⚠ 使用注意

泻痢初期不宜用，因为会阻断致病菌排出；空腹时亦不宜应用。石榴根皮用于杀虫，忌服油类泻剂以及含脂肪和油类的食物。

采 收 期：全年采根皮、茎。春、夏间采花。果实成熟时采。

药用部分：根皮、花、果皮。

性味归经：根皮：味苦、酸、涩，性微温，有毒。果：味甘、酸、涩，性平。果皮：味酸、涩，性温，有小毒；入胃、大肠、肾经。花：味酸、涩，性平。

功　　效：根、树皮：杀虫、濇肠、止带。果皮：杀虫、濇肠、止泻、生津止渴，石榴皮炒炭用于止血。

主　　治：根、树皮：久泻久痢、蛔虫、绦虫、妇女赤白带。花：中耳炎、鼻病、创伤出血。果皮：虫积腹痛、久泻久痢、便血、脱肛、滑精、血崩、妇女白带、皮肤疥癣。

用　　量：树皮5钱～1两；果皮5钱～2两；花2钱。

用　　法：水煎服；捣烂外敷。

青草组成应用

白带、小便白浊

青草组成：
白石榴 5 钱、白粗糠 1 两、白龙船花头 1 两、益母草 5 钱、白肉豆根 1 两、白刺杏头 1 两、白鸡冠花 5 钱、猪小肠 1 尺长。

用法：
第二次洗米水 8 碗，煎 2 碗，去渣。加猪小肠，炖烂，早、晚饭后半小时服各服 1 碗。

尿蛋白

青草组成：
白石榴 8 钱、小本山葡萄 1 两、白橄榄根 1 两、腰尺草 5 钱、白甘草 5 钱、佛手根 5 钱。

用法：
水 8 碗煎 3 碗，分三次服。

小便后残留尿液

青草组成：
白石榴 8 钱、红药头 1 两半、金樱根 5 钱、白龙船花根 1 两半、山药 5 钱、猪排骨 4 两。

用法：
水 10 碗煎 3 碗，去渣。加猪排骨，炖烂，分三次服。

妇女赤白带

青草组成：
白石榴 5 钱、白龙船花头 1 两、小金樱 5 钱、橄榄根 1 两、白芙蓉 1 两、白肉豆根 5 钱、公猪小肚 1 个。

用法：
水 8 碗煎 3 碗，去药渣。加公猪小肚，炖烂，分三次服，早、晚饭后半小时以及睡前各服一次。

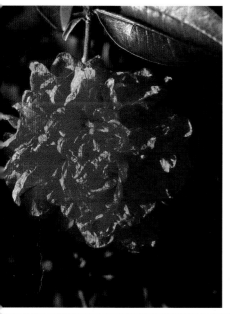

石榴汁

◉ **原料** 石榴果肉 150 克，蜂蜜少许

◉ **做法**

1.取榨汁机，选择搅拌刀座组合，倒入备好的石榴肉。2.注入适量的纯净水，盖好盖子。3.选择"榨汁"功能，榨取果汁。4.断电后倒出石榴汁，装入杯中。5.加入少许蜂蜜拌匀即成。

石榴梨思慕雪

◉ **原料** 石榴 120 克，雪梨 100 克，香蕉少许，牛奶 90 毫升

◉ **做法**

1.石榴取果肉粒，待用。2.雪梨取果肉，切小块。3.取榨汁机，倒入石榴果粒。4.注入适量纯净水，盖好盖子。5.选择第一档，榨取石榴汁。6.倒出果汁，装入杯中，备用。7.在榨汁机中放入雪梨、香蕉、牛奶。8.倒入榨好的石榴汁，盖好盖子。9.选择第一档，榨出汁水。

子宫下垂、脱肛	青草组成： 白匏子根5钱、白粗糠1两、观音串5钱、白石榴3钱、红药头5钱、白肉豆根1两、荔枝根5钱、乌骨海芙蓉3钱、金樱根5钱、益母草5钱、小本山葡萄1两、猪小肚1个。 用法：水5碗，酒5碗，煎3碗，去渣。加猪小肚炖烂，分三次服。连服7～15日。
皮肤溃疡	简方：鲜白匏子叶1两、麻油适量。 用法：将鲜白背叶捣烂，调麻油外敷患处。
头风痛	简方： 白匏子树二层皮1两、抹草头1两、臭加锭1两、大风草1两。 用法：半酒水炖猪脑髓服。
妇女白带、小便白浊	青草组成： 白匏子根1两、白花益母草1两、橄榄根1两、白龙船根1两、白肉豆根1两、猪小肚1个。 用法： 水8碗煎3碗，加猪小肚，炖烂，分三次服。
慢性肝炎	青草组成： 白匏子根1两、木棉根1两、桶校藤1两半、小本牛乳埔1两、金针根8钱。 用法：水8碗煎3碗，当茶饮。
闪腰	青草组成： 白匏子根1两、纸钱堑1两、猪瘦肉3两。 用法：半酒水共炖服。

白花蛇舌草 （清热解毒，利尿消肿，散结消痈）

科别：茜草科（Rubiaceae）

学名：*Hedyotis diffusa* Willd.

英名：Spreading hedyotis

别名：珠仔草、龙吐珠、蛇舌草、甲孟草、散草、小叶锅巴草、白花十字草、蛇总管、定经草、糙茎耳草、二叶律、竹叶菜、蛇利草、目目生珠草、节节结蕊草、千打捶、鹤舌草、细叶柳子、蛇舌癀、蛇针草、龙舌草、矮脚白花蛇利草、尖刀草、竹叶草、羊须草、南地珠、千打捶。

原 产 地：亚洲热带以及东亚暖带、中国长江以南各省区。

分　　　布：低海拔的旷野、田间、路旁、沟边、草地都可生长。分布于云南、广东、广西、福建、浙江、江苏、安徽等地。

形态特征：一年生草本，株高 15 ~ 50 厘米。根细长，白色。茎略带方形或扁圆柱形，纤细。单叶对生，叶线形至线状披针形，薄纸质，无叶柄，先端急尖如芒，叶面光滑，叶背有时稍粗糙，长 1 ~ 3.5 厘米，宽 0.1 ~ 0.3 厘米。夏、秋间开花，花单生或双生于叶腋；花萼筒球形，径约 0.15 厘米，顶端 4 裂，边缘具睫毛，宿存；花冠漏斗形，白色，长 0.35 ~ 0.4 厘米，先端 4 深裂，裂片卵状长圆形；雄蕊 4 枚，生于花冠筒喉部，与裂片互生，花药凸出；花柱丝状，花药卵形；柱头半球形。8 ~ 10 月为果期，蒴果双生，膜质，扁球形，径 0.25 厘米，顶端具宿萼 4 齿裂，成熟时室背开裂。种子棕黄色，细小，有 3 个棱角。

采 收 期：夏、秋采集，洗净，晒干备用。

药用部分：全草。

性味归经：味苦、甘淡，性凉（寒）；入胃、大肠、小肠经。

功　　效：清利湿热、消炎、散瘀、抗肿瘤、活血止痛。

主　　治：肾炎、肺脓疡、直肠癌、食道癌、子宫颈癌、恶性
　　　　　肿瘤、阑尾炎、尿路感染、扁桃腺炎、咽喉炎、急
　　　　　性黄疸型肝炎、无黄疸型肝炎、胆囊炎、疮疖瘤
　　　　　肿、毒蛇咬伤、跌打瘀痛、小便不利。

用　　量：干品 5 钱 ~ 2 两，鲜品 2 ~ 4 两。

用　　法：水煎服。

 使用注意

本品有抑制精子形成的作用，精子稀少者慎用。

青草组成应用

肺炎	**青草组成：** 白花蛇舌草1两、鸭公青5钱、黄花蜜菜1两、陈皮2钱、鱼腥草1两（后下煎）。 **用法：** 水5碗半煎1碗，渣以水5碗煎8分，两次煎汤混合，早、晚各服一次。或用白花蛇舌草1两、陈皮2钱、鱼腥草1两（后下煎），水3碗煎1碗服。
黄疸	**青草组成：** 白花蛇舌草1两、白茅根1两、蚊仔烟草5钱、栀子根5钱。 **用法：** 水6碗煎2碗，分两次服。
急性肾炎	**青草组成：** 白花蛇舌草1两、鲜一枝黄花5钱、鲜白茅根1两、天芥菜1两。 **用法：** 水8碗煎2碗，分两次服。（或水煎代茶） **又方：** 白花蛇舌草1两、鲜白茅根1两、鲜一枝黄花8钱、葫芦壳5钱。 **用法：** 水6碗煎2碗，早、晚各服1碗。
输精管结扎后副睾郁积症	**青草组成：** 白花蛇舌草1两半、小茴香3钱。 **用法：** 水5碗煎2碗，早、晚各服1碗。服至愈止。

药理

(1)动物试验：对兔子能刺激网状内皮系统增生和增强吞噬细胞活力，促进抗体形成，刺激嗜银物质倾向于致密化改变等，从而达到灭菌抗炎之效。

(2)白花蛇舌草单味连续服用 10 天以上，因个别患者可引起口干，若大剂量使用白花蛇舌草，可引起白细胞轻度下降，但一般情况下，停药 3 ~ 6 天后即可恢复正常。

泌尿系统感染（或小便热淋）	**青草组成：** 白花蛇舌草 1 两、车前草 1 两、金银花 1 两、石韦 5 钱。 **用法：** 水 8 碗煎 2 碗，分两次服。连服 4～7 日。
急性阑尾炎、肿痛、穿孔并发急性腹膜炎	**青草组成：** 白花蛇舌草 3 两、败酱草 1 两、薏苡仁 7 钱、咸丰草 1 两。 **用法：** 水 8 碗煎 2 碗，分数次服用。或一日 2 剂。连服 4～7 日。
肠癌、肝癌、肺癌、鼻咽癌	**青草组成：** 白花蛇舌草 1 两、白茅根 1 两、半枝莲 1 两、黑糖 3 两。 **用法：** 水 8 碗煎 3 碗，去渣。加入黑糖溶化，当茶服。
肝癌（民间古方）	**青草组成：** 白花蛇舌草 2 两、铁树叶（1 叶 1 尺长）、红枣 10 枚。 **用法：** 水 6 碗煎 8 分，睡前服。
盲肠炎	**青草组成：** 鲜白花蛇舌草 2 两、鲜蒲公英 1 两、鲜鱼腥草 1 两。 **用法：** 水煎浓汁服。（轻症者可单用白花蛇舌草绞汁服）

妇女白带过多	**简方：** 白花蛇舌草 5 钱、车前子 4 钱（包煎）、鲜碎米荠（又名白带草）1 两。 **用法：** 水 5 碗煎 2 碗，早、晚各服 1 碗。
子宫癌	**简方：** 白花蛇舌草 2 两、美人蕉（白花）2 两、半枝莲 2 两。 **用法：** 水 6 碗煎 3 碗，早、中、晚各服 1 碗。
膀胱炎、尿道炎	**青草组成：** 白花蛇舌草 6 钱、石韦 5 钱、金银花 3 钱、海金沙 5 钱、车前草 5 钱。 **用法：** 水 5 碗煎 1 碗，渣以水 3 碗煎 1 碗，两次煎液混合，分两次服。
急性扁桃腺炎	**青草组成：** 白花蛇舌草 1 两、瓜子金 5 钱、五根草 5 钱。 **用法：** 水 4 碗煎 1 碗，渣以水 3 碗半煎 8 分，两次煎汤混合，分两次服。
诸癌症	**青草组成：** 白花蛇舌草 2 两、白英 3 钱、蒲公英 5 钱、半枝莲 2 两、夏枯草 3 钱。 **用法：** 水 8 碗煎 3 碗，分三次服。连续服 5 帖后，改为一星期服 2 帖。

白花蛇舌草

泌尿系感染	**青草组成：** 白花蛇舌草1两、车前草1两、金银花1两、野菊花1两、石韦5钱。 **用法：** 水8碗煎3碗，分3～4次服。
食道癌、胃癌、乳腺癌	**青草组成：** 白花蛇舌草8钱、白茅根8钱、半枝莲8钱、鲜野葡萄根1两半、蛇莓5钱、番杏5钱、明日叶3钱、康复力3钱、蒲公英3钱。 **用法：** 水8碗煎2碗，早、晚各服1碗。连服15日为一疗程，停药3日再煎服。
热淋	**青草组成：** 白花蛇舌草1两、海金砂5钱、叶下珠1两、车前草5钱、金钱草5钱。 **用法：** 水6碗煎3碗，分三次服。
肠癌、直肠癌	**青草组成：** 白花蛇舌草1两半、白花紫茉莉头1两、凤尾草5钱、半枝莲8钱。 **用法：** 水8碗煎2碗，分两次服。
上呼吸道炎、急性扁桃腺炎	**青草组成：** 白花蛇舌草1两、叶下红1两、蚶壳草1两、枇杷叶8钱（去毛）、蒲公英5钱。 **用法：** 水6碗煎2碗，分两次服。

胃癌

青草组成：
白花蛇舌草 2 两、白茅根 2 两、薏仁 1 两、红糖 3 两。

用法：
水 10 碗煎 3 碗，去渣。加红糖溶化，分三次服。

直肠癌

青草组成：
白花蛇舌草 1 两、半枝莲 5 钱、紫花地丁 5 钱、乌子仔头 1 两、金银花 1 两、红藤 1 两。

用法：
水 8 碗煎 2 碗，渣用水 4 碗煎 1 碗，两次煎汤混合，当茶饮，放疗、化疗时间可配合使用（需服用一段时间）。

食道癌

青草组成：
白花蛇舌草 1 两、半枝莲 1 两、棉花根 1 两、白茅根 1 两、龙葵根 5 钱、蛇莓 5 钱。

用法：
水 8 碗煎 2 碗，渣用水 4 碗煎 1 碗，两次煎汤混合用，当茶饮。

阑尾炎

简方：
鲜白花蛇舌草 2 两、鲜地耳草（又名田基癀）2 两。

用法：
水煎服。

白花蛇舌草含有熊果酸、齐墩果酸、对香豆酸以及 β- 谷甾醇等。

白马齿苋（清热利湿，凉血解毒，散血消肿）

科别：马齿苋科（Portulacaceae）

学名：*Portulaca oleracea* L. var. *alba* Hong

英名：White portulaca，White purslane

别名：白猪母乳、白花猪母乳、长命菜、长寿菜、宝钏菜、过江龙、水盖菜、阔叶半枝莲、五行草、瓜子菜、猪母草、猪母乳、猪母菜、五方草、马马菜、马舌菜、马苋菜、马齿菜、马蛇子菜、五行菜、安乐菜、蚂蚁菜、耐旱菜、酸苋、马苋、马仔菜、半日花。

原产地：起源于印度，后传播到世界各地，西喜马拉雅山、俄国、南希腊一带的地方也被认为是其原产地。

分　布：平地、海滨、溪边以及路旁都有它的踪迹。分布于全国各省区。

形态特征：一或二年生半匍匐状草本，株高 25～35 厘米；茎直立或倾卧，全株无毛；茎自基部分枝，表面似圆柱形，粉白绿色或绿色。叶互生或对生，肉质，倒卵形，形状像马齿，全缘，叶腋生腋芽二枝，长倒卵形或汤匙形，类似瓜类的子叶。夏、秋间开白花，花两性，顶生或腋生，花瓣 5 枚，倒卵形，长 0.2～0.4 厘米，雄蕊 12 枚，雌蕊 1 枚，柱头先端5 裂。盖果短倒圆锥形或半帽状，成熟后上盖自然脱离，释出种子；种子细小，扁圆形，褐黑色。

采收期：夏、秋间采集。洗净，鲜用或蒸后晒干用。

药用部分：茎、叶。

性味归经：味酸，性凉（寒）；入胃、大肠、肝、脾经。

功　效：润肠通便、健脾止痢、清肝明目、降血糖。茎浅绿

色者称为白猪母乳，药效较好。（马齿苋：清热解
毒、凉血止血）

主　　治：糖尿病、高血压、泌尿系统疾病、细菌性痢疾、急
　　　　　性胃肠炎、肺热咳血、急性阑尾炎、月经不调、白
　　　　　带、淋病、疮肿毒、丹毒、丝虫病、痔疮出血、湿
　　　　　疹、眼疾。

用　　量：鲜品 2 ~ 4 两。配方用 1 ~ 2 两。

用　　法：水煎服；煎水沐浴；炒食；捣烂外敷。

 使用注意

本品不得和鳖甲配伍使用。脾胃虚寒性肠泻者忌用。

青草组成应用

中暑吐泻

青草组成：
马齿苋1两、含壳草5钱、凤尾草5钱、黑糖5钱。
用法：三味青草药用清水洗净，加水煎，去渣，加黑糖服。服3日。

滴虫性肠炎

青草组成：
鲜马齿苋3两、苦参根8钱、蒲蓄1两。
用法：水8碗煎2碗，分两次温服。

糖尿病

青草组成：
白马齿苋半斤、尤加利2两、番石榴心叶2两、山药1两。
用法：水13碗煎浓汤当茶饮。或用白马齿苋水煎服或炒食。

急性膀胱炎

青草组成：
鲜马齿苋2两、车前草1两、鱼腥草5钱、灯心草3钱。
用法：水煎当茶，服3~5日。

一般高血压（肝阳上亢）

青草组成：
鲜马齿苋3两、鲜香蕉皮3两、苦瓜根1两、艾叶5钱、鱼腥草1两、含羞草1两、咸丰草1两。
用法：
水10碗煎3碗，分三次服。

肺热咳血

青草组成：
鲜马齿苋2两、白茅根1两、仙鹤草5钱、鲜藕节5钱（鲜藕节不用亦可）。
用法：
水6碗煎2碗半，分三次服。服5日。

百日咳发烧	**青草组成：** 鲜马齿苋 2 两、鲜菜瓜（丝瓜）2 两。 **用法：** 水 6 碗煎 2 碗，分三次服。
痢疾（兼治消渴症）	**青草组成：** 鲜马齿苋 3 两、猪瘦肉 2 两。 **用法：** 加入水共炖烂，喝汤食肉。
糖尿病	**青草组成：** 白马齿苋 1 两、枸杞根 7 钱、鲜芦根 1 两、麦冬 5 钱、白凤菜 1 两。 **用法：** 水 5 碗煎 2 碗。早、晚各服 1 碗。
痔疮出血、便血	**青草组成：** 鲜马齿苋 3 两、地榆 5 钱、对叶草 5 钱、凤尾莲 1 两。 **用法：** 水 6 碗煎 3 碗，分三次服。服 5 日。（亦可炖冰糖） **备注：** 对叶草又名元宝草（学名：*Hypericum sampsonii* Hance；英名：Moon-facing Lotus）。
细菌性痢疾	**单方：** 鲜马齿苋 3 两（小儿用量酌减）。 **用法：** 将鲜马齿苋捣烂取汁服，或煎水服。
丹毒肿痛、烫火伤	**简方：** 鲜马齿苋 2 两、酢浆草 2 两。 **用法：** 共捣烂，外敷患处或烫伤处。一日数次。

马齿苋生姜肉片粥

◎ 原料 大米 120 克, 马齿苋 60 克, 猪瘦肉 75 克, 姜块 40 克

◎ 调料 盐、鸡粉、料酒、胡椒粉、水淀粉、芝麻油各适量

◎ 做法

1. 姜块洗净切丝; 马齿苋洗净切段; 瘦肉洗净切片, 腌渍10分钟。
2. 砂锅中注水烧热, 倒入大米, 盖上盖, 烧开后用小火煮约20分钟。
3. 倒入马齿苋, 用中火煮5分钟。
4. 倒入瘦肉、姜丝, 加盐、鸡粉、芝麻油、胡椒粉, 调味即成。

马齿苋蒜头皮蛋汤

◎ 原料 马齿苋 300 克, 皮蛋 100 克, 蒜头、姜片各少许

◎ 调料 盐 2 克, 芝麻油 3 毫升, 食用油少许

◎ 做法

1. 去皮的蒜头用刀背拍扁。2. 摘洗好的马齿苋切成段。3. 皮蛋去壳切瓣儿。4. 热锅注油烧热, 放入姜片、蒜头, 爆香。5. 注入适量清水。6. 盖上锅盖, 大火煮至开。7. 掀开锅盖, 倒入皮蛋、马齿苋。8. 加入少许盐、芝麻油, 搅匀调味。9. 将煮好的汤盛出装入碗中即可。

马齿苋薏米绿豆汤

◎ **原料** 马齿苋 40 克，水发绿豆 75 克，水发薏米 50 克，冰糖 35 克

◎ **做法**

1.将洗净的马齿苋切段，备用。
2.砂锅中注入适量清水烧热，倒入备好的薏米、绿豆，拌匀。
3.盖上盖，烧开后用小火煮约30分钟。4.揭盖，倒入马齿苋，拌匀。5.盖上盖，用中火煮约5分钟。6.揭盖，倒入冰糖，拌匀，煮至溶化，即成。

蒜蓉马齿苋

◎ **原料** 马齿苋 300 克，蒜末 150 克

◎ **调料** 盐 3 克，白糖 2 克，鸡粉、食用油各适量

◎ **做法**

1.用油起锅，倒入蒜末，爆香。
2.倒入洗净的马齿苋，炒匀。3.加入盐、鸡粉。4.加入白糖。5.用锅铲炒匀调味。6.将炒好的马齿苋盛出装盘即可。

半枝莲 （清热解毒，利水消肿，活血散瘀）

科别：唇形科（Labiatae）

学名：*Scutellaria barbata* D. Don

英名：Barbat skullcap，Half lotus，Herb of barbed skullcap

别名：并头草、乞食碗、向天盏、小韩信草、牙刷草、乞丐碗、昨叶荷草、狭叶韩信草、溪边黄芩、金挖耳、野夏枯草、方草儿、半向花、偏头草、四方草、水韩信、通经草、紫连草、挖耳草、赶山边、四方马兰。

原 产 地：南美。

分　　布：生长于池沼边、田边或路旁潮湿处。分布于江苏、广西、广东、四川、河北、山西、陕西、湖北、安徽、江西、浙江、福建、贵州、台湾等地。

形态特征：多年生草本，株高20～50厘米。茎下部匍匐生根，上部直立，四棱形，不分枝或少分枝，无毛。叶对生，茎下部的下位叶有短柄，上位叶则近于无柄；叶片卵状椭圆形至线状披针形，长1～3厘米，宽0.5～1.5厘米，先端钝，全缘，或有少数不明显的钝齿，常见下位叶锯齿缘，往上转成全缘。4～10月开花，轮伞花序顶生，每轮并生2花，集成偏侧总状花序，长7～14厘米；花萼筒状，二唇形，上唇背部有一盾状附属体，花冠落后封闭并增大，果熟叶脱落；花冠唇形，浅蓝紫色，花冠管斜倾。雄蕊2对，不伸出；花柱顶端2裂。小坚果卵形，有细瘤点，包于宿萼中。

采 收 期：夏、秋季间采集。洗净，晒干，扎把备用。

药用部分：全草。

性味归经：味辛、微苦，性凉（微寒）；入肝、肺、胃、大小
　　　　　肠经。

功　　效：全草：活血行气、祛瘀止血、解热止痛、抗肿瘤。

主　　治：多种癌症、肺癌、肝癌、结肠癌、肠痈、肝肿大、
　　　　　肝炎、肝硬化腹水、阑尾炎、毒蛇咬伤、损伤出
　　　　　血、热毒疮疡、肺痈、胃肠道癌、癌肿和出血、肾
　　　　　炎水肿。

用　　量：3 钱 ~ 3 两。

用　　法：水煎服；捣烂外敷。

 使用注意

半枝莲有刺激性，勿敷伤口。孕妇与血虚者勿用。本品
解热止痛，可代益母草治疗妇女疾病。

青草组成应用

黄疸型肝炎	**青草组成：** 半枝莲1两、白茅根1两、蚊仔烟草1两、山栀根5钱、虎杖5钱。 **用法：**水6碗煎2碗，早、晚饭后各服1碗。
淋巴结核	**青草组成：** 半枝莲1两、山粉圆根2两、夏枯草5钱、青壳鸭蛋2个。 **用法：** 水6碗煎2碗，去渣。加鸭蛋2个（先用筷子微打裂缝后再炖）。早、晚饭后各服一次。
肺痈	**青草组成：** 半枝莲1两、薏苡仁1两、桔梗2钱、十药1两（后下煎）。 **用法：**水6碗煎2碗，早、晚饭后各服1碗。
口腔癌、鼻咽癌	**青草组成：** 半枝莲1两、石上柏5钱、白花蛇舌草1两。 **用法：** 水煎当茶饮。可配合化疗、放疗同时服用。
胃癌、胃肠道癌肿	**青草组成：** 半枝莲1两、白花蛇舌草1两、白英5钱、蛇莓5钱、龙葵5钱。 **用法：**水6碗煎2碗，早、晚各服1碗。
胃癌、直肠癌	**青草组成：** 半枝莲1两、白花蛇舌草1两、莪术3~5钱。 **用法：** 水煎2次，当茶饮，长期饮用一段时间。

| 小儿食积胀满症 | 简方：
奶叶藤根 5 钱～ 1 两、黄砂糖少许。
用法：
将奶叶藤根洗净，水 3 碗煎 1 碗，去渣。加黄砂糖调匀，分三次服。 |

| 手指头疔 | 简方：
鲜奶叶藤 5 钱、酒酿适量。
用法：
共捣烂，外敷患手指头疔处，一日换一次药。 |

| 痈疖肿毒 | 简方：
鲜奶叶藤全草 1 两、红糖少许、蜂蜜少许。
用法：
皮肤未溃者：鲜奶叶藤，加红糖，捣烂，外敷患处。皮肤已溃者：鲜奶叶藤，加蜂蜜或桐油少许，捣烂，外敷患处。一日换两次药。 |

| 吐血、咯血、衄血、尿血 | 简方：
奶叶藤根 5 钱、白茅根 1 两、旱莲草 5 钱、仙鹤草 5 钱。
用法：
水煎服。 |

| 妇女湿热白带 | 简方：
鲜奶叶藤根 8 钱、鲜水苳根 1 两、车前草 5 钱。
用法：
水煎去渣。加猪排骨 3 两，炖烂，分两次服。 |

| 创伤出血 | 单方：鲜奶叶藤适量。
用法：捣烂，外敷伤处。 |

鸭舌癀（调经理带，祛风清热，消肿散瘀）

科别：马鞭草科（Verbenaceae）

学名：*Phyla nodiflora*（L.）Greene

英名：Turkey tangle fogfruit，Knotted flower phyla

别名：石苋、鸭嘴黄、过江藤、鸭嘴癀、鸭舌草、鸭母嘴、鸭母癀、过江龙、鲎壳刺、岩垂草。

原 产 地：中国南部和日本等热带、亚热带至温带地区。

分　　布：生长于田边、水沟边、灌溉沟渠边。分布于江苏、福建、湖南、湖北、广东、广西、台湾等地。

形态特征：一年生或多年生匍匐藤本草本植物，全株被短毛。植株低矮，茎匍匐地上，节上随处可生不定根，分枝多，无攀缘性，茎蔓可延伸 1 ~ 2 米。单叶对生，具短柄，倒卵形至匙形，叶片上半部具粗锯齿缘，基部狭楔形，厚纸质，仅具中肋 1 条，叶长 2 ~ 4 厘米，宽 0.8 ~ 2 厘米。花期 3 ~ 9 月，花细小，花朵初开时为白色，之后逐渐转变为粉红色至紫色，小花密集生长排列成圆筒状穗状花序，着生于叶腋，具长花序梗，单生，椭圆形至短圆柱形，长 2 ~ 3 厘米；苞片卵形，花冠紫红色，由苞片间抽出，呈狭筒状，唇形；花萼膜质，2 深裂。果期 5 月至隔年 1 月，果实为核果状，长约 0.2 厘米，呈广倒卵形，包于宿存花萼内。

采 收 期：夏、秋间采全草。洗净，鲜用或晒干备用。

药用部分：全草。（鸭舌癀有白花和红花两种）

性味归经：味微苦、辛，性平，有小毒；入肺、脾、肾、心经。

功　　效：妇科良药。全草：消炎解毒、通经。

主　　治：月经不调、经闭、白带、经期腰痛、经痛、淋病、
　　　　　带状疱疹、疯狗咬伤、痈疽肿毒、热痢、牙疳、跌
　　　　　打内伤、咽喉肿痛。

用　　量：鲜嫩茎叶 5 钱 ~ 3 两；
　　　　　干品 3 ~ 5 钱。

用　　法：水煎服；以麻油煎食；
　　　　　捣烂外敷。

使用注意

无邪者少用。

青草组成应用

妇女经行腹痛

青草组成：
鸭舌癀 1 两（鲜品）、泽兰 4 钱、白花益母草 5 钱、秤饭藤 5 钱、艾草叶 4 钱。

用法：
水 6 碗煎 2 碗，早、晚饭前各服 1 碗。

妇女经行腹痛

青草组成：
鸭舌癀 5 钱、秤饭藤 5 钱、莎草根 8 钱、白花益母草 5 钱、延胡索 3 钱。

用法：
水 2 碗，酒 2 碗，煎 2 碗。早、晚各服 1 碗。

妇女月经不调、不孕症

单方：
鲜鸭舌癀嫩叶心 1 两、乌骨鸡 4 两。

用法：
加水共炖烂，分次服。或鸭舌癀嫩心，用茶仔油煎青壳鸭蛋吃。

妇女白带

青草组成：
鸭舌癀 1 两、小本牛乳房 1 两、埔盐根 5 钱、猪排骨 4 两。

用法：
先将三味药草用清水洗净，加水 6 碗，放入猪排骨，共炖烂。分 2 ~ 3 次服。

疯狗咬伤、跌打内伤

简方：
鲜鸭舌癀 2 两、米酒适量。

用法：
先将鸭舌癀洗净，捣汁半碗，泡酒服。并以渣外敷伤处。

飞蛇、 带状疱疹	**简方:** 鲜鸭舌癀 1 两、雄黄末少许。 **用法:** 先将鸭舌癀捣汁,调雄黄外敷患处。
妇女月经 不调	**简方:** 鲜鸭舌癀叶 5 钱、鸡蛋 1 个、麻油少许。 **用法:** 先将鸭舌癀叶切碎后,加入鸡蛋搅拌均匀,用麻油煎食。
疔毒	**外敷方:** 鲜鸭舌癀 5 钱、鲜小本水丁香叶 5 钱。 **用法:** 捣烂,外敷疔毒。
口角疔	**简方:** 鲜鸭舌癀 5 钱、黑糖 2 钱。 **用法:** 将鸭舌癀洗净,加黑糖捣烂,外敷患处。
牙龈肿胀 化脓症	**简方:** 鲜鸭舌癀 2 两、青壳鸭蛋 1 个(或加铁马鞭 1 两)。 **用法:** 水 5 碗,加青壳鸭蛋炖服。

石菖蒲（开窍祛痰，化湿和中，行气止痛）

科别：天南星科（Araceae）

学名：*Acorus gramineus* Soland

英名：Japanese sweet flag，Grassy-leaved sweet flag

别名：水剑草、昌阳、尧韮、石蜈蚣、金钱蒲、石菖、铁兰、菖蒲、剑叶菖蒲、山菖蒲、九节菖蒲、苦菖蒲、建菖蒲、望见清、望见消、剑草、昌本、昌羊、尧时韮、野韭菜、粉菖、溪菖、香草、阳春雪、木蜡。

原 产 地：原产于亚洲的东部和北部比较温暖的地区，台湾也是它的故乡。

分　　布：生长于山涧泉流附近或泉流的水石间。分布长江流域及其以南各地。主产四川、浙江、江苏等地。

形态特征：多年生单子叶宿根草本。株具有香气，植株丛生，根茎匍匐状。叶根生，叶片深绿或油绿，无柄，叶面具有光泽，全缘，先端渐尖，呈剑状或线形，长15 ~ 50厘米，宽0.2 ~ 0.8厘米。春季开花，花茎高10 ~ 30厘米，为佛焰花序，佛焰苞呈叶状；肉穗花序直立，狭圆柱形，长5 ~ 12厘米。两性花细小且密集，为淡黄绿色；花被6枚，雄蕊6枚。浆果肉质，倒卵形，成熟时呈黄绿色或淡黄色，种子基部有毛。果期为8 ~ 9月间。

采 收 期：秋、冬季间采根状茎，晒干备用。叶多鲜用。

药用部分：根茎（去除毛后用）。

性味归经：味辛，性微温，根、叶有香味；入心、肝、脾经。

功　　效：散风去湿、开窍逐痰、祛痰湿、安神益智、解毒杀

虫、芳香化湿、行气止痛。（本品为健胃、利尿、镇痛剂）

主　　治：食欲不振、胸脘闷胀、腹痛、神志昏乱、健忘、痴
呆、癫狂、痰迷昏厥、气闭耳聋、坚牙齿、清声音、
耳鸣、健忘。（或配精神病药同用治精神病）

外　　用：研末涂疥癣、恶疮。

用　　量：干品 1～3 钱，鲜品加倍使用。

用　　法：水煎服；磨汁服；水煎浓汁浸洗患处；干品研粉用
纱布包塞鼻。

⚡ 使用注意

石菖蒲内服能促进消化液分泌，缓解肠管平滑肌痉挛，
对多种真菌有抑制作用。忌羊肉、饴糖，不可与麻黄同
用。勿犯铁器，若用铁锅煎煮，亦可能会使人服后有恶
心、呕吐等症状出现。

禁忌：阴虚阳亢、烦躁多汗、咳嗽、吐血、精滑、虚性
兴奋与失眠患者慎用。

青草组成应用

小孩流口水	**方例：** 石菖蒲 3 钱。 **用法：** 水 2 碗煎剩 8 分，去渣。少量多次频服。
耳鸣如风声、水声	**方例：** 石菖蒲 3 钱、粳米 1 两、葱白 10 根、猪腰子 1 对。 **用法：** 先将石菖蒲洗净，加水 3 碗煮 2 碗，去渣。再加入粳米、葱白、猪腰子同煮粥，分次服。 **说明：** 石菖蒲先用第二次洗米水泡一夜后用。猪腰子去筋膜后，切片用。
热痰蒙蔽心窍、癫痫狂	**方例：** 石菖蒲 3 钱、郁金 2 钱。 **用法：** 水煎三次服，每日 1 剂，可连续服用。
中暑引起腹痛	**方例：** 鲜石菖蒲 2～4 钱。 **用法：** 加冷开水磨汁服。
偏头痛	**方例：** 鲜石菖蒲根（洗净切碎）绞汁 50 毫升、米酒 30 毫升。 **用法：** 将石菖蒲汁加入米酒调匀后，分两次服。
头晕、耳鸣、耳聋	石菖蒲配蝉蜕同用。

主　　治：肝炎、B 型肝炎、急慢性肝胆炎、肝硬化、尿酸、
　　　　　痛风、妇女症、失眠火大、口苦口臭、口破、心焦
　　　　　口燥、咽喉痛失音、便秘、青春痘、雀斑、退胎火
　　　　　去胎毒、皮肤粗糙、黑斑。

用　　量：鲜石莲花叶片 2 ~ 8 两。

用　　法：鲜食；用开水洗净，加入开水打成果汁，调蜂蜜，
　　　　　当饮料服。（具高营养成分）

 使用注意

采摘时间以清晨日出前采摘最佳。

青草组成应用

尿酸脚膝肿痛	**植物：**	鲜石莲花叶片 5 ~ 20 片（清水洗净）。
	用法：	鲜食，早、晚各食用一次。

高血压症	**植物：**	鲜石莲花叶片数片。
	用法：	嚼食。

肝疾，GOT、GPT值偏高	**植物：**	鲜石莲花叶片 2 两、鲜白鹤灵芝草嫩心 5 钱、鲜白凤菜嫩心 5 钱。（或以倒地蜈蚣 1 两、白舌蛇舌草 2 两，煮水服）
	用法：	上药用清水洗净，加适量开水绞汁调蜂蜜服用。一次服完。（或用鲜石莲花叶片 3 两，绞汁调蜂蜜服用；或以倒地蜈蚣 1 两、白花蛇舌草 1 两，煎水服）

急、慢肝炎，肝硬化和中毒性肝损伤，GOT、GPT偏高	**植物：**	鲜石莲花叶片 4 两、苹果 1 颗、冷开水适量。
	用法：	先将石莲花叶片洗净，与苹果打汁服。

预防肝炎、肝硬化	**植物：**	鲜石莲花叶片 30 克、芦荟 20 克、菠萝 20 克、香瓜 20 克。
	用法：	加入冰块打汁，调蜂蜜服。（不加蜂蜜亦可）

石莲花

功用

(1)日常食用：平常食用可解渴、强化身体的代谢功能，清除体内的致病毒素，促进新陈代谢，美容养颜，并可退火以及恢复疲劳，可经常饮用。

(2)预防保健：为天然营养，容易为人体吸收，补充日常生活鱼肉蔬果之不足，达到均衡饮食的目的，也是一般素食者和孕妇的最佳营养补给。

(3)体质改善：促进血液循环，预防糖尿病、尿酸、高血压，体质改善，长期使用有较好的改善效果，并可提高身体免疫机能，滋养强壮，预防感冒。

(4)熬夜良伴：针对口干、口苦、口臭、口破、便秘、痔疮、心焦舌燥、喉痛失声、牙龈浮肿、易疲劳等虚火上升，宿醉解酒，改善效果迅速。

(5)美容养颜：改善青春痘、雀斑、黑斑、老人斑、顽固皮肤病，能由体内彻底改善体质，增进肤质的光泽与健康。

石莲花的食用法

(1) 鲜石莲花叶片（清水洗净），直接嚼食，或沾食盐、蜂蜜、梅子粉、果糖食用皆可。

(2) 鲜石莲花叶片（清水洗净），打成果汁饮用。

(3) 鲜石莲花叶片，可搭配苹果、菠萝、柳丁、葡萄柚等水果绞汁饮服。

(4) 鲜石莲花叶片，可作为蔬菜沙拉食用。

(5) 鲜石莲花叶片半斤，冷开水 100～250 毫升，绞汁加蜂蜜或冰糖适量饮服。

(6) 鲜石莲花叶片 2 两、菠萝 1/8 颗、冷开水适量，绞汁饮服。

(7) 鲜石莲花叶片 2 两（清水洗净）、蜂蜜少许、冷开水 100～200 毫升，共打成汁 300 毫升饮服。

(8) 鲜石莲花叶片 40 片、菠萝切块 2～4 块、蜂蜜少许、冷开水 100～200 毫升，共打成果汁 300 毫升饮用。

(9) 鲜石莲花叶片（清水洗净），再加些蔬菜共 30 克，绞汁作精力汤饮用。

石莲花叶片的成分与功用：

磷：调合钙的含量。

钙：安眠、解痛，使骨骼坚韧。

钾：使神经系统传导正常。

钠：消除疲劳，补充流汗过多。

锌：防御传染病，减少皮肤生癣，骨骼正常。

镁：维护神经平静，防止心脏疾病。

铁：增强血红素，使血液正常。

维生素 B_1：强化肠胃助消化。

维生素 B_2：增强视力、防止嘴角裂开。

维生素 B_6：预防蛀牙、肾结石。

叶酸：使细胞产生抗体抵抗病毒，抑制贫血、疲倦、头晕。

烟碱酸：预防牙龈炎，减少舌苔的产生。

粗蛋白：维持消化能力。

α-胡萝卜素：维持正常的视觉机能。

β-胡萝卜素：维持黏膜组织的正常。

水分：消除大肠内的异物，增加大肠的蠕动。

膳食纤维：消除大肠内的异物，增加大肠的蠕动。

粗纤维：消除大肠内的异物，增加大肠的蠕动。

粗脂肪：维持细胞的热量能源。

玉叶金花 （清热解暑，清利湿热，固肺益肾）

科别：茜草科（Rubiaceae）

学名：*Mussaenda parvinora* Miq.

英名：Buddha's lamp，Jade leaf gold flower

别名：山甘草、凉茶藤、白纸扇、银叶草、红心穿山龙、白头公、白甘草、野白纸扇、土甘草、凉口茶、仙甘藤、蝴蝶藤、蜻蜓翅、生肌藤、黄蜂藤、白叶子、凉藤子、大凉藤、小凉藤、黏滴草、白茶。

原　产　地：亚热带地区，中国南部、琉球、日本。

分　　　布：生于较阴的山坡、沟谷、溪旁及灌丛中。分布于广东、香港、海南、广西、福建、湖南、江西、浙江和台湾等地。

形态特征：常绿藤状灌木植物。小枝蔓延，初时被柔毛，成长后脱落。单叶互生，有短柄，卵状矩圆形或椭圆状披针形，长5～8厘米，宽2～3.5厘米，先端渐尖，全缘，叶面无毛或被疏毛，叶背被柔毛；托叶2深裂，裂片条形，被柔毛，是野外辨识它的重点特征。春、夏间开花，伞房状聚伞花序，密集多花，着生茎顶；花萼钟形，被毛，裂片长0.3～0.4厘米，其中常有1片扩大成白色叶状，阔卵形或圆形，长2.5～4厘米；花冠长约2厘米，黄色，外被伏柔毛，裂片5，呈镊合状排列；雄蕊5枚，着生于花冠喉部，花丝极短。浆果椭圆形，长0.8～1.0厘米，宽0.6～0.75厘米，聚集一团，成熟时呈紫黑色。

采　收　期：全年可采，洗净，切段，晒干备用。

药用部分：根、茎和叶。（用于风湿症可酒制备用，治疗支气管炎或咽痛痧沙哑，可用冬蜜炮制后应用）

性味归经：根：味甘淡，性凉。全草：味苦，性寒；入肺、肾、大小肠经。

功　　效：根：疏风泄热、清血解毒、润肺、滋肾、镇咳、利尿、清热解毒、消暑利湿、活血。茎叶：清热解暑、凉血解毒、消炎、活血化瘀。

主　　治：根：肺热咳嗽、产后风、月内风、腰骨酸痛、肾炎水肿、乳腺炎、痈肿、小儿疳积、疟疾发热。茎叶：感冒发热、中暑、肠炎腹泻、暑热泄泻、咳嗽、支气管炎、咽喉肿痛、扁桃腺炎、肾炎水肿、口腔糜烂、跌打损伤、疮疡肿毒。

用　　量：干品 5 钱 ~ 1 两。

用　　法：水煎服。

 使用注意

胃寒泄泻者勿用。或加涩肠药同用。

肾炎水肿

青草组成：
玉叶金花根 1 两、咸丰草 1 两、水丁香 1 两、车前草 5 钱、猫须草 5 钱。

用法：
水 6 碗煎 2 碗，分两次服。

清肝解暑

青草组成：
玉叶金花根 1 两、白鹤灵芝草 5 钱、千里光 4 钱、六角英 5 钱、伤寒草 5 钱、鬼针草 1 两。

用法：
水 8 碗煎 3 碗，去药渣。加黑糖适量溶化，调匀，分三次服。

支气管炎、喉痛

青草组成：
玉叶金花根 5 钱、马尾丝 5 钱、狗尾虫 1 两、半枝莲 5 钱、半边莲 5 钱、岗梅根 1 两、鬼针草 1 两。

用法：
水 6 碗煎 2 碗，分两次服。

中气虚伤咳

青草组成：
玉叶金花 1 两、十药 1 两半、岗梅根 1 两。

用法：
水 5 碗煎 2 碗，去渣。加冰糖 8 钱，炖溶化，分两次服。

肿疡、创伤

简方：
鲜玉叶金花叶 1 两。

用法：
捣烂，外敷患处。

防暑凉茶

青草组成：
玉叶金花藤枝15克、七叶埔姜叶（小金英）15克、薄荷5克。

用法：
共研粗末，装入过滤袋3.5克，冲泡沸开水，5分钟后即可饮用。

玉叶金花叶含有黄叶金花苷、豆固醇、β-谷固醇、脂醇、有机酸、酚类以及糖类等成分。

玉米 （须：解毒退火，凉血平肝，体质改善）
（轴：健脾利湿）

科别：禾本科（Gramineae）
学名：*Zee mays* L.
英名：Maize，Corn，Indian corn，Earcorn（美）
别名：玉蜀黍、玉米须、番麦、包谷、包谷、番麦须、粟米。

原 产 地：中南美洲。

分　　布：我国各地均有栽培。全世界热带和温带地区广泛种植，为一重要谷物。

形态特征：一年生高大草本植物。根为须根系，除了胚根外，可从茎节上长出节根，从地下节根长出的称为地下节根，一般有4~7层；从地上茎节长出的节根则称为支持根或气生根，一般有2~3层。秆粗壮，直立，呈圆筒形，高1~4米，不具分枝，节间有髓，基部各节具气生根。叶鞘具横脉；叶片宽而长，扁平，剑形或披针形，先端渐尖，边缘呈波状皱折，具强壮的中脉。花为单性，雌雄同株；雄性圆锥花序顶生；雄小穗孪生，长达1厘米，含2小花；两颖几相等长，膜质，背部隆起，具9~10脉；花药橙黄色，长达0.5厘米。雌花生于植株中部的叶腋内，为肉穗花序，雌小穗孪生，成8~30行排列于粗壮而呈海绵状的穗轴上；雌蕊具极长而细弱的花柱，即玉米须。雄穗开花比雌花早3~5天。颖果略呈扁球形。花果期6~9月。

采 收 期：春、秋季采集。

药用部分：玉米须、玉米轴。

性味归经：玉米须：味甘，性平。玉米轴：味甘，性平。

功　　效：玉米须：利水消肿、平肝利胆退黄、降血压。

玉米轴：健脾利湿。根、叶：小便淋沥、结石。

主　　治：须：急慢性肾炎水肿、尿路结石、黄疸型肝炎、胆囊炎、胆石症、糖尿病、高血压。轴：小便不利、水肿、小儿夏季热、腹泻。根、叶：尿道结石。

用　　量：干玉米须5钱～1两，玉米轴3～5两。

用　　法：水煎服。

 使用注意

玉米轴的性味功能与玉米须相同，多用于治水肿。（小儿夏季热，可用玉米须1～2两，水煎服）

青草组成应用

急、慢性肾炎，浮肿，尿蛋白	**青草组成：** 玉米须 1 两、白茅根 1 两、白花益母草 1 两、夏枯草 5 钱、车前草 5 钱、牛乳房 1 两。 **用法：** 水 8 碗煎 3 碗，当茶饮。
肾炎水肿、小便不利	**青草组成：** 玉米须 5 钱、车前草 5 钱、冬瓜皮 1 两、白茅根 1 两、西瓜皮 5 钱、水丁香 1 两。 **用法：** 水 6 碗煎 2 碗，分两次服。
小便困难	**青草组成：** 玉米须 5 钱、桑白皮 4 钱、茯苓 3 钱、泽舍 3 钱、白术 4 钱、赤小豆 3 钱（捣碎装入过滤袋包煎）。 **用法：** 水 6 碗煎 2 碗服。
中暑小便涩痛	**青草组成：** 玉米须 1 两、车前草 5 钱、鬼针草 1 两、金丝草 5 钱、凤尾草 5 钱。 **用法：** 水 6 碗煎 2 碗，加入黑糖适量，溶化后服用。分两次服。
肝胆管细沙粒结石	**青草组成：** 玉米须 1 两、蚊仔烟草 5 钱、马蹄金 5 钱、芦根 1 两、虎杖 5 钱、山楂 5 钱。 **用法：** 水 8 碗煎 3 碗，当茶饮。

原发性高血压症	**青草组成：** 玉米须 1 两、鲜香蕉皮 1 两、西瓜皮 5 钱、鼠曲草 5 钱、夏枯草 5 钱、山马蹄 5 钱。 **用法：** 水 6 碗煎 3 碗，分三次服。
便泻似水状	**单方：** 玉米轴 3 两（烧炭存性，研粉末）。 **用法：** 每次服 5 钱，开水送服。
水肿、小便利	**青草组成：** 玉米轴 1 两、白茅根 5 钱、冬瓜皮 1 两、赤小豆（红豆）5 钱、香薷 4 钱。 **用法：** 水 6 碗煎 3 碗，分 2～3 次服。

◎雄花序

◎雄花序近照

核桃油玉米沙拉

◎ **原料** 玉米粒 100 克，豌豆 70 克，马蹄肉 90 克，胡萝卜 65 克，核桃仁 200 克

◎ **调料** 盐 3 克，白糖 2 克

◎ **做法**

1.胡萝卜洗净去皮切丁；马蹄洗净切块。2.将核桃仁放入榨油机中，榨出油。3.锅中注水烧开，倒入玉米粒、豌豆、胡萝卜丁，加盐，焯至断生。4.将焯好的食材倒入碗中，放入马蹄块，加盐、白糖、核桃油，拌匀后即可。

玉米苦瓜煎蛋饼

◎ **原料** 玉米粒 100 克，苦瓜 85 克，高筋面粉 30 克，玉米粉 15 克，鸡蛋液 130 克

◎ **调料** 盐少许，鸡粉 2 克，胡椒粉、食用油各适量

◎ **做法**

1.苦瓜洗净切薄片。2.锅中注水烧开，倒入玉米粒、苦瓜片，焯煮至断生。3.鸡蛋液倒入碗中，搅散；加入焯过水的材料；放入高筋面粉、玉米粉，拌匀；加盐、鸡粉、胡椒粉，拌匀制成蛋糊。4.起油锅，倒入蛋糊，摊平。5.转中火煎成饼形，再翻转煎至两面熟透，即成。

英名索引

英名索引

图书在版编目（CIP）数据

汉方中草药对症图典. 第1册/李冈荣主编. —— 乌鲁木齐：
新疆人民卫生出版社，2015.6
ISBN 978-7-5372-6252-1

Ⅰ.①汉…　Ⅱ.①李…　Ⅲ.①中草药－图谱　Ⅳ.
①R282-64

中国版本图书馆CIP数据核字(2015)第125120号

汉方中草药对症图典 · 第1册

HANFANG ZHONGCAOYAO DUIZHENG TUDIAN DIYICE

出版发行	新疆人民出版總社 新疆人民卫生出版社	
策划编辑	卓　灵	
责任编辑	赵笑云	
版式设计	陈禾云	
封面设计	曹　莹	
地　　址	新疆乌鲁木齐市龙泉街196号	
电　　话	0991-2824446	
邮　　编	830004	
网　　址	http://www.xjpsp.com	
印　　刷	深圳市雅佳图印刷有限公司	
经　　销	全国新华书店	
开　　本	150毫米×225毫米　16开	
印　　张	27	
字　　数	500千字	
版　　次	2015年9月第1版	
印　　次	2015年9月第1次印刷	
定　　价	78.00元	